工学结合·基于工作过程导向的项目化创新系列教材

国家示范性高等职业教育机电类"十三五"规划教材

液压与气压传动

（第2版）

Yeya yu Qiya Chuandong

▲主　编　张四军　穆　瑞

▲副主编　周勇平　曾文瑜　张维平

U0337435

华中科技大学出版社

http://www.hustp.com

中国·武汉

内 容 简 介

本书共分 13 个项目：项目 1 为液压传动系统和气压传动系统认知，项目 2 介绍液压传动基础知识，项目 3 介绍液压传动动力元件液压泵，项目 4 介绍液压传动执行元件，项目 5 介绍方向控制阀及其应用，项目 6 介绍压力控制阀及其应用，项目 7 介绍流量控制阀及其应用，项目 8 介绍其他应用回路，项目 9 为液压传动系统应用实例；项目 10 介绍气源装置及气动辅助元件，项目 11 介绍气动执行元件，项目 12 介绍气动控制元件，项目 13 为气压传动系统应用实例。

本书可以作为高职高专院校、职工大学、函授学院、成人教育学院及有关技能培训学校的教学用书，也可以供相关技术人员参考。

图书在版编目（CIP）数据

液压与气压传动/张四军，穆瑞主编. —2 版. —武汉：华中科技大学出版社，2017.6
ISBN 978-7-5680-3001-4

Ⅰ.①液… Ⅱ.①张… ②穆… Ⅲ.①液压传动-高等学校-教材 ②气压传动-高等学校-教材
Ⅳ.①TH137 ②TH138

中国版本图书馆 CIP 数据核字（2017）第 135152 号

液压与气压传动（第 2 版）
Yeyan Yu Qiya Chuandong

张四军 穆 瑞 主编

策划编辑：张 毅
责任编辑：张 毅
封面设计：孢 子
责任监印：朱 玢
出版发行：华中科技大学出版社（中国·武汉）　　　电话：（027）81321913
　　　　　武汉市东湖新技术开发区华工科技园　　　邮编：430223
录　　排：武汉正风天下文化发展有限公司
印　　刷：武汉科源印刷设计有限公司
开　　本：787mm×1092mm　1/16
印　　张：13.75
字　　数：334 千字
版　　次：2017 年 6 月第 2 版第 1 次印刷
定　　价：35.00 元

本书若有印装质量问题，请向出版社营销中心调换
全国免费服务热线：400-6679-118　竭诚为您服务
版权所有　侵权必究

随着社会的高速发展,高等职业教育越来越需要以就业与社会需求为导向,培养具有实践能力、就业能力、创造能力、创新能力和创业能力的高素质高技能人才。因此,高职高专的人才培养模式是以社会需求为目标、以实践应用为主旨的。"液压与气压传动"课程也要根据这个根本要求进行课程改革,教学中要突出培养学生的技术应用能力。依据这个培养主旨,结合编者多年的教学经验,更好地配合教学改革和课程建设,我们编写了这本教材。

本书是高等职业教育"十三五"规划教材,严格按照模块化、任务驱动模式来编写,能够满足"液压与气压传动"课程改革和相关专业建设的需要。本书遵循"必需、实用、够用为度"、"少而精"、"浅而广"和"掌握概念、强化应用"的原则,突出实践和实训的应用性,适合高职高专机械类、机电类、汽车类、模具类、数控类和其他近机械类的专业使用。

本书由连云港职业技术学院张四军、穆瑞担任主编,由连云港职业技术学院周勇平、九江职业大学曾文瑜、秦皇岛职业技术学院张维平担任副主编。其中,项目1、项目6~项目13由张四军编写,项目2由周勇平编写,项目3、项目4由曾文瑜编写,项目5由张维平编写。各任务的复习延伸由张四军编写,全书由张四军定稿和统稿。

本书在编写过程中,得到了华中科技大学出版社的大力支持与帮助,也参考了国内外先进教材的设计经验,在此深表谢意。

由于编者水平和经验有限,加之时间仓促,书中难免存在错误和缺点,恳请各位同仁与广大读者批评指正。

编　者
2017 年 5 月

项目 1
液压传动系统和气压传动系统认知

◀ **知识目标**

    (1)了解液压传动系统与气压传动系统的组成；

    (2)掌握液压传动系统与气压传动系统的工作原理；

    (3)熟悉液压传动系统与气压传动系统的特点。

◀ **能力目标**

    (1)掌握液压传动系统与气压传动系统的工作原理；

    (2)掌握液压传动系统与气压传动系统的特点。

◀ 任务1 液压传动系统的组成与工作原理 ▶

【任务导入】

传动机构是机器设备中的重要环节,传动的类型包括机械传动、电力传动、流体传动以及复合传动等。按照使用工作介质的不同,流体传动分为液体传动与气压传动。用液体作为工作介质进行能量传递的传动方式称为液体传动。按照工作原理的不同,液体传动又可以分为液力传动与液压传动两种。液压传动是利用液体压力能来传递能量的传动方式,而液力传动是利用液体动能来传递能量的传动方式。我们主要研究应用更为广泛的液压传动。

【任务分析】

本任务主要通过认识磨床液压传动系统的组成,来探讨液压传动系统的通用组成与各部分功用,并初步认识液压符号的功用。

【相关知识】

一、液压传动系统的工作原理

液压传动是以液体为工作介质,利用压力能来驱动执行机构的传动方式。

图1-1所示为驱动磨床工作台的液压传动系统原理图(结构式)。它由油箱1、过滤器2、液压泵3、溢流阀4、开停阀5、节流阀6、换向阀7、液压缸8以及连接这些元件的油管、接头等组成。

其工作原理是:电动机驱动液压泵从油箱中吸油,将油液加压后输入管路。油液经开停阀、节流阀、换向阀进入液压缸左腔,推动活塞而使工作台向右移动。这时液压缸右腔的油液经换向阀和回油管①流回油箱。

如果将换向阀手柄转换成图1-1(b)所示状态,则有压力的油液经过换向阀后进入液压缸右腔,推动活塞而使工作台向左移动,并使液压缸左腔的油液经换向阀和回油管①流回油箱。

工作台的移动速度是通过节流阀来调节的。当节流阀口开大时,单位时间内进入液压缸的油量增多,工作台的移动速度就增大;反之,当节流阀口关小时,单位时间内进入液压缸的油量减少,则工作台的移动速度减小。由此可见,速度是由单位时间内进入液压缸的油量即流量决定的。

为了克服移动工作台时受到的各种阻力,液压缸必须产生一个足够大的推力,这个推力是由液压缸中的油液压力产生的。要克服的阻力越大,液压缸中的油液压力越高;阻力小,压力就低。这种现象正说明了液压传动的一个基本原理——压力取决于负载。

二、液压传动系统的组成

由磨床工作台液压传动系统可以看出液压传动系统的基本组成如下。

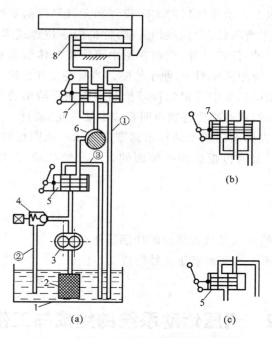

图 1-1 磨床工作台液压传动系统原理图

1—油箱；2—过滤器；3—液压泵；4—溢流阀；5—开停阀；6—节流阀；7—换向阀；8—液压缸

（1）能源装置——液压泵。它将动力部分（电动机或其他原动机）所输出的机械能转换成液压能，给系统提供压力油液。

（2）执行装置——液压缸、液压马达。它将液压能转换成机械能，推动负载做功。

（3）控制装置——液压阀（流量阀、压力阀、方向阀等）。它们的控制或调节，使液流的压力、流量和方向得以改变，从而改变执行元件的力（或力矩）、速度和方向。

（4）辅助装置——油箱、管路、蓄能器、过滤器、管接头、压力表开关等。这些元件参与构成系统，以实现各种工作循环。

（5）工作介质——液压油。绝大多数液压油采用矿物油，系统用它来传递能量或信息。

三、液压图形符号

图 1-1 所示的组成液压传动系统的元件是用半结构式图形绘制出来的，而图 1-2 所示的组成液压传动系统的元件是用国家标准所规定的图形符号绘制的。用半结构式图形绘制原理图时直观性强，容易理解，但绘制起来比较麻烦，特别是当系统中的元件数量比较多时更是如此，并且缺乏统一的规范，容易引起误解。所以，在工程实际中，除某些特殊情况外，一般都是用简单的图形符号来绘制液压传动系统和气压传动系统原理图。

用图形符号绘制系统原理图时，图中的符号只表示元（辅）件的功能、操作（控制）方法及外部连接口，不表示元（辅）

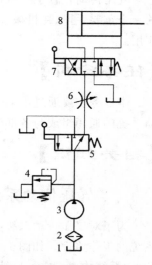

图 1-2 用液压图形符号绘制的磨床工作台液压传动系统原理图

件的具体结构和参数,也不表示连接口的实际位置和元(辅)件的安装位置。用图形符号绘图时,除非特别说明,图中所示状态均表示元(辅)件的静止位置或零位置,并且除特别注明的符号或有方向性的元(辅)件符号外,它们在图中可根据具体情况水平或垂直绘制。使用这些图形符号后,可使系统图简单明了,便于绘制。当有些元件无法用图形符号表示或在国家标准中未列入时,可根据标准中规定的符号绘制规则和所给出的符号进行派生。当无法用标准直接引用或派生时,或有必要特别说明系统中某一元(辅)件的结构和工作原理时,可采用局部结构简图或它们的结构或半结构示意图来表示。用图形符号绘图时,符号的大小应以清晰美观为原则,绘制时可根据图纸幅面的大小酌情处理,但应保持图形本身的适当比例。

【复习延伸】

(1) 液压传动系统的组成以及各部分的功能是什么?

(2) 比较图 1-1 和图 1-2,简述液压符号的意义与优点。

◀ 任务2　气压传动系统的组成与工作原理 ▶

【任务导入】

用气体作为工作介质进行能量传递的传动方式称为气压传动。气压传动是利用压缩气体能来传递能量的传动方式,主要工作介质是空气,也包括蒸汽和燃气。一般气压传动与控制技术简称气动技术。气压传动与控制技术是实现生产过程机械化、自动化的一门重要技术。

气压传动相较于机械传动、电力传动以及液压传动具有很多优点,成为实现生产自动化的一个重要手段,在机械、冶金、纺织、食品、化工、交通运输、航空航天等各行业得到了广泛应用。

【任务分析】

本任务主要通过了解气动剪切机气压传动系统的组成,讨论其各部分功用,探讨气压传动系统的通用组成与各部分功用。

【相关知识】

一、气压传动系统的工作原理

为了对气压传动系统(简称气动系统)有一个简单认识,现以气动剪切机为例,介绍气动系统的工作原理。如图 1-3(a)所示为气动剪切机的工作原理图,图示位置为剪切前的预备状态,系统构成有空气压缩机 1、冷却器 2、油水分离器 3、储气罐 4、分水滤气器 5、减压阀 6、油雾器 7、行程阀 8、换向阀 9、气缸 10、工料 11。

空气压缩机产生的压缩空气,经过冷却器、油水分离器进行降温及初步净化后,送入储

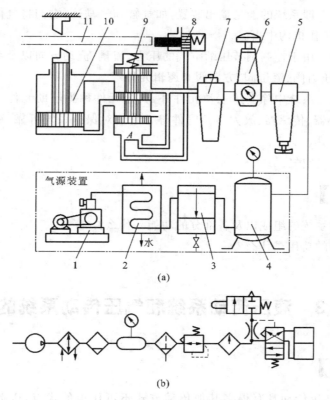

图 1-3　气动剪切机的工作原理图

1—空气压缩机；2—冷却器；3—油水分离器；4—储气罐；5—分水滤气器；
6—减压阀；7—油雾器；8—行程阀；9—换向阀；10—气缸；11—工料

气罐备用；压缩空气从储气罐引出先经过分水滤气器再次净化，然后经减压阀、油雾器和换向阀到达气缸。此时换向阀 A 腔的压缩空气将阀芯推到上位，使气缸上腔充压，活塞处于下位，剪切机的剪口张开，处于预备工作状态。当送料机构将工料送入剪切机并到达规定位置时，工料将行程阀的阀芯向右推动，行程阀将换向阀的 A 腔与大气连通。换向阀的阀芯在弹簧的作用下移到下位，将气缸上腔与大气连通，下腔与压缩空气连通。压缩空气推动活塞带动剪刃快速向上运动将工料切下。工料被切下后即与行程阀脱开，行程阀阀芯在弹簧作用下复位，将排气通道封闭。换向阀 A 腔压力上升，阀芯移至上位，使气路换向。气缸下腔排气，上腔进入压缩空气，推动活塞带动剪刃向下运动，系统又恢复到图示的预备状态，待第二次进料剪切。

图 1-3（b）所示为用气压图形符号绘制的气动剪切机的系统原理图。

二、气压传动系统的组成

由图 1-3 可见，完整的气压传动系统是由以下五部分组成的。

（1）气源装置　即压缩空气的发生装置，其主体部分是空气压缩机（简称空压机）。它将原动机（如电动机）供给的机械能转换为空气的压力能并经净化设备净化，为各类气动设备提供洁净的压缩空气。

（2）执行机构　即系统的能量输出装置，如气缸和气马达，它们将气体的压力能转换为机械能，并输出到工作机构中去。

（3）控制元件　用于控制调节压缩空气的压力、流量、流动方向以及系统执行机构的工作程序的元件，有压力阀、流量阀、方向阀和逻辑元件等。

（4）辅助元件　系统中除上述三类元件外，其余元件称为辅助元件，如各种过滤器、油雾器、消声器、散热器、传感器、放大器及管件等。它们对保持系统可靠、稳定和持久地工作起着十分重要的作用。

（5）工作介质　空气。

【复习延伸】

（1）气压传动系统的组成以及各部分的功能是什么？

（2）气压符号的功用是什么？

◀ 任务3　液压传动系统和气压传动系统的特点 ▶

【任务导入】

液压传动和气压传动具有很多其他传动方式不可比拟的优点，因此这两门技术在近几年先后迅速发展起来，在各行业得到广泛应用。当然，这两种使用流体作为传动介质的传动形式也存在一些缺点。充分认识了解这些优、缺点可以使我们将来更好地应用这两门技术。

【任务分析】

本任务主要通过讨论液压传动与气压传动的优、缺点，明确这两门技术的优势。

【相关知识】

一、液压传动系统的特点

与其他传动系统相比，液压传动系统具有以下优点。

（1）在同等功率的情况下，液压传动装置的体积小、质量小、结构紧凑，如液压马达的质量只有同等功率电动机质量的 $10\% \sim 20\%$。

（2）液压传动系统执行机构的运动比较平稳，能在低速下稳定运动。当负载变化时，其运动速度也较稳定。同时因其惯性小、反应快，所以易于实现快速启动、制动和频繁地换向。

（3）液压传动系统可在大范围内实现无级调速，调速比大，并且可在液压传动装置运行的过程中进行调速。

（4）液压传动系统容易实现自动化，它对液体的压力、流量和流动方向进行控制或调节，操纵很方便。当液压控制与电气控制或气动控制结合使用时，能实现较复杂的顺序动作和远程控制。

（5）液压传动装置易于实现过载保护且液压件能自行润滑,使用寿命较长。

（6）液压元件已实现了标准化、系列化和通用化。

与其他传动系统相比,液压传动系统具有以下缺点。

（1）液压传动系统不能保证严格的传动比,这是由液压油的可压缩性和泄漏等原因造成的。

（2）液压传动系统在工作过程中常有较多的能量损失,导致工作效率较低。

（3）液压传动系统的工作稳定性容易受到温度变化的影响,不宜在温度变化很大的环境中工作。

（4）液压元件在制造精度上的要求比较高,对污染比较敏感。

（5）液压传动系统出现故障的原因较复杂,故障诊断困难。

二、气压传动系统的特点

与其他传动系统相比,气压传动系统具有以下优点。

（1）气压传动系统采用空气作为传动介质,用后直接排入大气,不污染环境且不需回气管路,故气压传动系统结构较简单,安装自由度大,使用维护方便,使用成本低。

（2）空气的性质受温度的影响小,使用安全,高温下不会发生燃烧和爆炸,特别是在易燃、易爆、高尘埃、强磁、辐射及振动等恶劣环境中的适应性强。

（3）空气的黏度很小,在管道中流动时的压力损失小,它适用于集中供气和远距离输送。

（4）与液压传动系统相比,气压传动系统反应快,动作迅速。因此,气压传动系统特别适用于实现系统的自动控制。

（5）气压传动系统调节控制方便,既可组成全气动控制回路,又可与电气、液压结合实现混合控制。

与其他传动系统相比,气压传动系统具有以下缺点。

（1）由于空气的可压缩性大,所以气压传动系统的稳定性差,负载变化时对工作速度的影响较大,速度调节较难。

（2）气压传动系统工作压力低,且结构尺寸不宜过大,易获得较大的输出力和输出力矩。因此,气压传动不适于重载系统。

（3）气压传动系统需对气源中的杂质及水蒸气进行净化处理,净化处理的过程较复杂。空气无润滑性能,故在系统中需要润滑处应设润滑给油装置。

（4）气压传动系统有较大的排气噪声,对环境影响较大,危害人体健康,影响人的情绪,应设法消除或降低噪声。

【复习延伸】

（1）液压传动系统有什么优、缺点?

（2）气压传动系统有什么优、缺点?

◀ 任务4 液压传动和气压传动的发展历史 ▶

【任务导入】

液压传动和气压传动都具有比较悠久的应用历史,其真正的迅猛发展、完善,成为一项重要技术是第二次世界大战以后几十年内的事情。认识它们的发展历史,了解各行业的应用现状,可以使我们更好地理解学习这门课的意义。

【任务分析】

本任务主要讨论液压传动与气压传动的发展历史和现状。

【相关知识】

一、液压传动与气压传动的历史

液压传动相对于机械传动是一门新学科。从17世纪帕斯卡提出静压传递原理,18世纪英国制成世界上第一台水压机算起,液压传动已有二百多年的历史。18世纪末,英国制成第一台水压机。19世纪,应用液压技术的炮塔转位器、六角车床和磨床进入应用阶段,尤其是第二次世界大战在兵器工业上发挥了液压传动的优点(功率大、反应快);二战后,液压技术转向民用,广泛应用于机械、工程、农业、汽车等行业。20世纪60年代以后,液压技术发展为一门完整的自动化技术。

现在几乎95%的工程机械、90%的数控加工中心、95%以上的自动线都采用液压传动系统。因此,采用液压传动的程度成为衡量一个国家工业水平的指标。

气压传动的应用历史悠久。公元前,埃及人就开始用风箱产生压缩空气助燃,这是气压传动最初的应用。从18世纪的工业革命开始,气压传动逐渐应用于各行业中。19世纪中期,空气压缩机在英国问世;19世纪70年代开始在采矿业使用风镐;19世纪80年代美国研制出火车的气动刹车。第二次世界大战以后,气压传动广泛应用于工业生产中,一般工业中的自动化、省力化则是近些年的事情。目前,世界各国都把气压传动作为一种低成本的工业自动化手段,气压传动元件的发展速度已超过了液压元件,气压传动已成为一个独立的专门技术领域。

二、液压传动与气压传动的现状

液压传动和气压传动统称为流体传动,它是工农业生产中广为应用的一门技术。流体传动技术水平的高低已成为衡量一个国家工业发展水平的标志。

液压传动的应用非常广泛,如一般工业用的塑料加工机械、压力机械、机床等;行走机械中的工程机械、建筑机械、农业机械、汽车等;钢铁工业用的冶金机械、提升装置、轧辊调整装置等;土木水利工程用的防洪闸门及堤坝装置、河床升降装置、桥梁操纵机构等;发电厂用的涡轮机调速装置、核发电厂等;军事工业用的火炮操纵装置、舰船减摇装置、飞行器仿真、飞机起落架的收放装置和方向舵控制装置等。

　　气压传动的应用也相当普遍,在工业各领域,如机械、电子、钢铁、运输车辆及制造、橡胶、纺织、化工;食品、包装、印刷和烟草领域等,气压传动技术已成为其基本组成部分。在尖端技术领域如核工业和航天工业中,气压传动技术也占据着重要的地位。

【复习延伸】

　　(1) 简述液压传动的发展历程。

　　(2) 简述气压传动的发展与现状。

项目 2
液压传动基础知识

◀ **知识目标**

(1)掌握工作介质的基本性质,了解工作介质的污染原因、危害及其控制方法;

(2)掌握压力的本质和表示方法;

(3)了解液体静力学和动力学方程的推导过程,掌握方程的运用;

(4)了解液流在管道中流动的特性及压力损失的计算方法;

(5)熟悉液体流经小孔和缝隙的流量压力特性;

(6)熟悉液压冲击和气穴现象产生的原因、危害。

◀ **能力目标**

(1)掌握压力的本质和表示方法;

(2)熟悉液体流经小孔和缝隙的流量压力特性;

(3)熟悉液压冲击和气穴现象产生的原因、危害。

◀ 任务 1 流体力学知识 ▶

【任务导入】

流体力学是研究流体在外力作用下平衡和运动规律的一门学科,它涉及许多方面的内容,这里主要介绍与液压传动有关的流体力学的基本内容,为以后学习、分析、使用及设计液压传动系统打下必要的基础。

【任务分析】

本任务通过对流体力学知识的学习,了解液体静力学和动力学方程的推导过程,掌握方程的运用。

【相关知识】

一、静压力传递定理

液体静力学主要是研究液体处于静止状态时的平衡规律,以及这些规律的应用。所谓"液体静止"指的是液体内部质点间没有相对运动,不呈现黏性,至于盛装液体的容器,不论它是静止的或是匀速、匀加速运动都没有关系。

1. 液体的静压力及其特性

1) 液体的静压力

作用在液体上的力有两种,即质量力和表面力。与液体质量有关并且作用在质量中心上的力称为质量力,质量力是作用于液体内部任何一个质点上的力,与质量成正比,由加速度引起,如重力、惯性力、离心力等。单位质量液体所受的力称为单位质量力,它在数值上等于加速度;与液体表面面积有关并且作用在液体表面上的力称为表面力,它与所受液体作用的表面积成正比,单位面积上作用的表面力称为应力。

应力有两种,即法向应力和切向应力。当液体静止时,由于液体之间没有相对运动,不存在切向摩擦力,所以静止液体的表面只有法向应力。由于液体质点间的凝聚力很小,不能受拉,因此法向应力总是沿着液体表面的内法线方向作用。液体在单位面积上所受的内法向力简称为压力,在物理学中称为压强,在液压与气压传动中则称为压力,通常用 p 来表示。

静止液体单位面积上所受的法向力称为静压力。如果在液体内某点处微小面积 ΔA 上作用有法向力 ΔF,则 $\Delta F/\Delta A$ 的极限就定义为该点处的静压力,并用 p 表示,即

$$p = \lim_{\Delta A \to 0} \frac{\Delta F}{\Delta A} \tag{2-1}$$

若法向作用力 F 均匀地作用在面积 A 上,则压力可表示为

$$p = \frac{F}{A} \tag{2-2}$$

2) 液体静压力的特性

(1) 液体静压力沿着内法线方向作用于承压面。

(2)静止液体内任一点的液体静压力在各个方向上都相等。

由此可知,静止液体总是处于受压状态,并且其内部的任何质点都受平衡压力的作用。

2. 液体静力学基本方程

在重力作用下的静止液体所受的力,除了液体重力,还有液面上的压力和容器壁面作用在液体上的压力,其受力情况如图 2-1 所示。在一容器中放着连续均质绝对静止的液体,上表面受到压力 p_0 的作用。在液体中取出一个高为 h、上表面与自由液面相重合、上下底面积均为 ΔA 的垂直微液柱体作为研究对象,如图 2-1 所示。这个柱体除了在上表面受到压力 p_0 作用,下底面受到 p 作用,侧面受到垂直于液柱侧面大小相等、方向相反的液体静压力外,还有作用于液柱重心上的重力 G,若液体的密度为 ρ,则 $G=\rho g h \Delta A$。

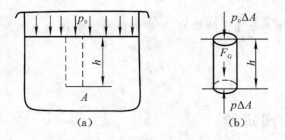

图 2-1 静止液体内压力分布规率

该微液柱在重力及周围液体的压力作用下处于平衡状态,其在垂直方向上的力平衡方程式为

$$p \Delta A = p_0 \Delta A + \rho g h \Delta A \tag{2-3}$$

等式两边同除以 ΔA,得

$$p = p_0 + \rho g h \tag{2-4}$$

式(2-4)即为静压力基本方程,由上式可知,重力作用下的静止液体,其压力分布有如下特征。

(1)静止液体内任一点处的压力由两部分组成,一部分是液面上的压力 p_0,另一部分是该点以上液体自重所形成的压力,即 ρg 与该点离液面深度 h 的乘积。当液面上只受大气压 p_a 作用时,则液面内任一点处的压力为

$$p = p_a + \rho g h \tag{2-5}$$

(2)同一容器中同一液体内的静压力随液体深度 h 的增加而呈线性规律地增加。

(3)离液面深度 h 相同的各点处的压力都相等。由压力相等的点组成的面称为等压面。重力作用下静止液体中的等压面是一个水平面。

(4)对静止液体,如记液面压力为 p_0,液面与基准水平面的距离为 h_0,液体内任一点的压力为 p,与基准水平面的距离为 h,则由静压力基本方程式可得

$$\frac{p_0}{\rho g} + h_0 = \frac{p}{\rho g} + h = 常量 \tag{2-6}$$

式中:$\dfrac{p}{\rho g}$——静止液体中单位质量液体的压力能;

h——单位质量液体的势能。

式(2-6)说明了静止液体中单位质量液体的压力能和位能可以互相转换,但各点的总能

量却保持不变,即能量守恒,这就是静压力基本方程式中包含的物理意义。

3. 静压传递原理

密闭容器内的静止液体,当外力 F 变化引起外加压力 p_1 发生变化时,则液体内任一点的压力将发生同样大小的变化。即在容器内,施加于静止液体任一点的压力将以等值传到液体各点。这就是静压传递原理或帕斯卡原理。

图 2-2 所示为应用静压传递原理推导压力与负载关系的实例。图中,垂直液压缸(负载缸)的截面积为 A_1,水平液压缸截面积为 A_2,两个活塞的外作用力分别为 F_1、F_2,则缸内压力分别为 $p_1 = \dfrac{F_1}{A_1}$、$p_2 = \dfrac{F_2}{A_2}$。两缸充满液体且互相连接,根据静压传递原理,有 $p_1 = p_2$,因此有

$$\frac{F_1}{A_1} = \frac{F_2}{A_2} \tag{2-7}$$

因此,作用在活塞上的外负载越大,缸筒内的压力就越高。若负载恒定不变,则压力不再增加,这说明缸筒中压力是由外界负载决定的,这是液压传动中的一个基本概念。

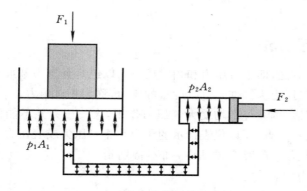

图 2-2 静压传递原理应用实例

【**例 2-1**】 如图 2-2 所示的两个相互连通的液压缸,已知大缸内径 $D = 100$ mm,小缸内径 $d = 20$ mm,大活塞上放置的物体所产生的重力为 $F_1 = 50\ 000$ N。试求在小活塞上应施加多大的力 F_2 才能使大活塞顶起重物。

解 根据静压传递原理,由外力产生的压力在两缸中相等,即

$$\frac{F_1}{\dfrac{\pi d^2}{4}} = \frac{F_2}{\dfrac{\pi D^2}{4}}$$

因此,顶起重物应在小活塞上施加的力为

$$F_1 = \frac{d^2}{D^2} F_2 = \frac{20^2}{100^2} \times 50\ 000\ \text{N} = 2\ 000\ \text{N}$$

这也说明了压力取决于负载这一概念。作用在大活塞上的外负载 F_2 越大,施加于小活塞上的力 F_1 也必须大,则在密闭容器内的压力也越高。但压力只增加到相应于活塞面积能克服负载为止。如负载恒定不变,则压力不再增加。

4. 液体静压力对固体壁面的作用力

静止液体与固体壁面接触时,固体壁面将受到由静止液体的静压力所产生的作用力。要计算这个作用力的大小,应分两种情况考虑(不计重力作用,即忽略 $\rho g h$ 项)。

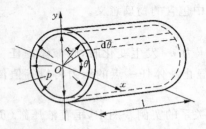

图 2-3　静压力作用在液压缸内壁面上的力

当固体壁面为平面时，作用在该平面上的静压力大小相等、方向垂直于该平面，故作用在该平面上的总力 F 为液体的静压力 p 与承压面积 A 的乘积，即

$$F = pA \qquad (2\text{-}8)$$

当固体壁面是曲面时，由于作用在曲面上各点的压力的作用线彼此不平行，所以求作用总力时要说明是沿哪一方向。如图 2-3 所示，设液压缸液压油压力为 p，在内壁上取一微小面积 $dA = lR d\theta$（其中 l 为缸筒长度，R 为缸筒半径），则缸筒内壁在 x 方向作用力为

$$F_x = \int_{-\frac{\pi}{2}}^{\frac{\pi}{2}} dF_x = \int_{-\frac{\pi}{2}}^{\frac{\pi}{2}} dF\cos\theta = \int_{-\frac{\pi}{2}}^{\frac{\pi}{2}} p dA\cos\theta = \int_{-\frac{\pi}{2}}^{\frac{\pi}{2}} p lR \cos\theta d\theta = 2plR = pA_x$$

可以得到如下结论：静压力在曲面某一方向上的总力 F_x 为液体的静压力 p 与曲面在该方向投影面积 A_x 的乘积，即

$$F_x = pA_x \qquad (2\text{-}9)$$

二、压力表示方法

压力有两种表示方法，即绝对压力和相对压力。以绝对真空为基准来进行度量的压力，称为绝对压力；以大气压力为基准来进行度量的压力，称为相对压力。

绝大多数测压仪表，因其外部均受大气压力作用，大气压力并不能使仪表指针回转，即在大气压力下指针指在零点，所以仪表指示的压力是相对压力或表压力（指示压力），即高于大气压力的那部分压力。在液压传动中，如不特别指明，所提到的压力均为相对压力。

如果某点的绝对压力比大气压力低，说明该点具有真空，把该点的绝对压力比大气压力小的那部分压力值称为真空度。绝对压力总是正的，相对压力可正可负，负的相对压力数值部分就是真空度。它们的关系如图 2-4 所示，用式子表示为

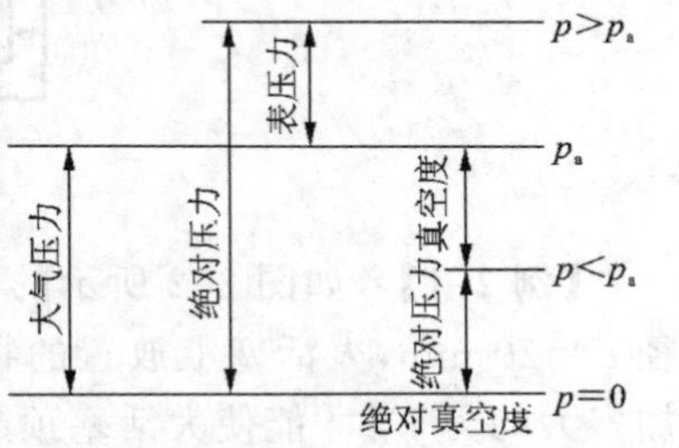

$$\text{绝对压力} = \text{表压力} + \text{大气压力} \qquad (2\text{-}10)$$

图 2-4　绝对压力、相对压力和真空度

$$\text{真空度} = \text{大气压力} - \text{绝对压力} \qquad (2\text{-}11)$$

在国际单位制中，压力的单位是 N/m^2，称为帕［斯卡］，符号为 Pa。由于此单位太小，在工程上使用很不方便，因此，常采用它的倍数单位 MPa（兆帕）和 kPa（千帕），$1\ MPa = 10^6\ Pa$。

三、液体动力学

1. 基本概念

1）理想液体

既无黏性又不可压缩的假想液体称为理想液体。实际生活中，理想液体是没有的。某些液体黏性很小，也只是近似于理想液体。对于液压传动的油液来说，黏性往往较大，更不

能作为理想液体。但由于液体运动的复杂性,如果一开始就把所有因素都考虑在内,会使问题非常复杂。为了使问题简化,在研究中往往假设液体没有黏性,之后再考虑黏性的作用并通过实验验证等办法对理想化的结论进行补充或修正。

2）恒定流动、非恒定流动

液体中任何一点的压力、速度、密度等参数都不随时间变化而变化的流动称为恒定流动。液体中任何一点的压力、速度、密度有一个参数随时间变化而变化的流动称为非恒定流动。非恒定流动研究比较复杂,有些非恒定流动的液体可以近似地当成恒定流动来考虑。

3）流线、流管、流束、通流截面

流线是某一瞬时液流中一条条标志其各处质点运动状态的曲线。在流线上各点处的瞬时液流方向与该点的切线方向重合,在恒定流动状态下流线的形状不随时间而变化。对于非恒定流动来说,由于液流通过空间点的速度随时间变化而变化,因而流线形状也随时间变化而变化。液体中的某个质点在同一时刻只能有一个速度,所以流线不能相交,不能转折,但可相切,是一条条光滑的曲线。

在流畅的空间划出一任意封闭曲线,此封闭曲线本身不是流线,则经过该封闭曲线上每一点作流线,这些流线组合成一表面,称为流管。流管内的流线群称为流束。流管是流束的几何外形。根据流线不会相交的性质,流线不能穿越流管表面,所以流管与真实管道相似,在恒定流动时流管与真实管道一样。如果将流管的断面无限缩小趋近于零,就获得微小流管或流束。微小流束截面上各点处的流速可以认为是相等的。流束中与所有流线垂直的横截面称为通流截面,可能是平面或曲面。

2. 流量与平均流速

流量有质量流量和体积流量之分。在液压传动中,一般把单位时间内流过某通流截面的液体体积称为流量,常用 q 表示,即

$$q = \frac{V}{t} \tag{2-12}$$

式中：q——流量;

   V——液体的体积;

   t——流过液体体积 V 所需的时间。

由于实际液体具有黏度,液体在某一通流截面流动时截面上各点的流速可能是不相等的。比如液体在管道内流动时,管壁处的流速为零,管道中心处的流速最大。对微小流束而言,其通流截面 dA 很小,可以认为,在此截面上流速是均匀的。如每点的流速均等于 u,则通过其截面上的流量为

$$dq = u\,dA \tag{2-13}$$

通过整个通流截面 A 的总流量为

$$q = \int_A u\,dA \tag{2-14}$$

即使在稳定流动时,同一通流截面内不同点处的流速大小也可能是不同的,并且在截面内的分布规律并非都是已知的,所以按式(2-14)来求流量 q 就有很大困难。为方便起见,在液压传动中用平均流速 v 来求流量,并且认为平均流速流过通流截面 A 的流量与以实际流速流过通流截面 A 的流量相等,即

$$q = \int_A u\, \mathrm{d}A = vA \qquad (2-15)$$

所以
$$v = \frac{q}{A} \qquad (2-16)$$

3. 连续性方程

如图 2-5 所示,两端通流截面积为 A_1、A_2 的流束,通过这两个截面的流速和密度分别为 v_1、ρ_1 和 v_2、ρ_2,在 $\mathrm{d}t$ 时间内经过这两个通流截面的液体质量为 $\rho_1 v_1 A_1 \mathrm{d}t$ 和 $\rho_2 v_2 A_2 \mathrm{d}t$。

考虑以下条件:

(1) 液流是恒定流动的,所以流束形状将不随时间变化;

(2) 不可能有液体经过流束的侧面流入或流出;

(3) 假设液体是不可压缩的,即 $\rho_1 = \rho_2 = \rho$,且在液体内部不形成空隙。

在上述条件下,根据质量守恒定律,有如下关系式
$$\rho_1 v_1 A_1 \mathrm{d}t = \rho_2 v_2 A_2 \mathrm{d}t$$

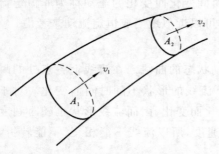

图 2-5　液流的连续性原理

因为 $\rho_1 = \rho_2$,故上式简化为
$$v_1 A_1 = v_2 A_2 \qquad (2-17)$$

式中:v_1、v_2——液体在通流截面 A_1、A_2 上的平均速度。

根据 $q = vA$,上式可写成
$$q_1 = q_2 \qquad (2-18)$$

式中:q_1、q_2——液体流经通流截面 A_1、A_2 的流量。

因为两通流截面的选取是任意的,故有
$$q = Av = 常数 \qquad (2-19)$$

这就是液流的流量连续性方程,是质量守恒定律的另一种表示形式。这个方程式表明,不管平均流速和液流通流截面面积沿着流程怎样变化,流过不同截面的液体流量仍然相同。

4. 伯努利方程

由于在液压传动系统中是利用有压力的流动液体来传递能量的,故伯努利方程也称为能量方程,它实际上是流动液体的能量守恒定律。由于流动液体的能量问题比较复杂,为了理论上研究方便,把液体看成理想液体处理,然后再对实际液体进行修正,得出实际液体的能量方程。

1) 理想液体的伯努利方程

如图 2-6 所示为伯努利方程推导简图。只受重力作用下的理想液体作恒定流动时具有压力能、位能和动能三种能量形式,在任一截面上这三种能量形式之间可以互相转换,但这三种能量在任意截面上的形式之和为一定值,即能量守恒。将 z 称为比位能,$\dfrac{p}{\rho g}$ 称为比压能,$\dfrac{v^2}{2g}$ 称为比动能,则可列出理想液体伯努利方程为

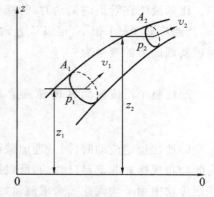

图 2-6　伯努利方程推导简图

$$\frac{p_1}{\rho g}+z_1+\frac{v_1^2}{2g}=\frac{p_2}{\rho g}+z_2+\frac{v_2^2}{2g}=常数 \tag{2-20}$$

2）实际液体的伯努利方程

实际液体流动时，要克服由于黏性所产生的摩擦阻力，存在能量损失，所以当液体沿着流束流动时，液体的总能量在不断减小。则用单位重量液体所消耗的能量 h_W 对理想液体的伯努利方程进行修正。

此外，由于液体的黏性和液体与管壁之间的附着力的影响，当实际液体沿着管道壁流动时，接触管壁一层的流速为零；随着距管壁的距离增大，流速也逐渐增大，到管子中心达到最大流速，其实际流速为抛物线分布规律。假设用平均流速动能来代替真实流速的动能计算，将引起一定的误差。可以用动能修正系数 α 来纠正这一偏差。α 即为截面上单位时间内流过液体所具有的实际动能，与按截面上平均流速计算的动能之比（层流时 $\alpha=2$，紊流时 $\alpha=1$）。

实际液体作恒定流动时的能量方程为

$$\frac{p_1}{\rho g}+z_1+\frac{1}{2g}\alpha_1 v_1^2=\frac{p_2}{\rho g}+z_2+\frac{1}{2g}\alpha_2 v_2^2+h_W \tag{2-21}$$

式中：α——动能修正系数；

h_W——单位重量液体所消耗的能量。

【复习延伸】

（1）液体静压力的特性是什么？

（2）相对压力、绝对压力和真空度的定义是什么？它们之间有什么关系？液压传动系统中的表压力指的是什么压力？

（3）常见的压力单位有哪些？

（4）什么是流量、流速和平均速度？

（5）连续性方程、伯努利方程的物理意义是什么？

（6）液体在管道中流动是否总是从压力高的地方流向压力低的地方？阐述理由。

（7）如题图 2-1 所示为一种抽吸设备。水平管出口通大气，当水平管内液体流量达到某一数值时，处于面积为 A_1 处的垂直管子将从液箱内抽吸液体，液箱表面为大气压力，水平管内液体（抽吸用）和被抽吸介质相同。有关尺寸如下：$A_1=3.2\ cm^2$，$A_2=4A_1$，$h=1\ m$，不计液体流动时的能量损失，问水平管内流量达多少时才能开始抽吸？

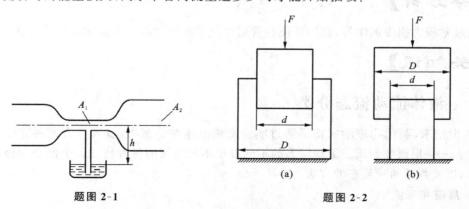

题图 2-1   题图 2-2

(8) 如题图 2-2 所示,液压缸 $D=160$ mm,柱塞直径 $d=100$ mm,缸内充满油液,作用力 $F=50\,000$ N,忽略构件自重和摩擦力,计算图(a)、(b)中的缸内压力。

(9) 如题图 2-3 所示,一具有一定真空度的容器用一根管子倒置于一液面与大气相通的水槽中,液体在管上升的高度 $h=1$ m。设液体的密度为 $\rho=1\,000$ kg/m³,试求容器内的真空度。

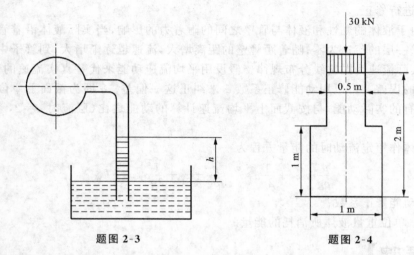

题图 2-3   题图 2-4

(10) 如题图 2-4 所示,水平截面是圆形的容器,上端开口,求作用在容器底面的力。若在开口端加一活塞、作用力为 30 kN(含活塞重量在内),问容器底面的总作用力为多少?(液体密度为 900 kg/m³)

◀ 任务2   液体流动的压力损失 ▶

【任务导入】

由于液体存在黏性,所以在流动过程中不可避免会存在能量的损失,本任务研究管道流动过程中液体的压力损失。

【任务分析】

通过对压力损失的学习,熟知液流在管道中流动的特性及压力损失的计算方法。

【相关知识】

一、液体流动流态分类

19 世纪末,英国物理学家雷诺通过实验发现液体在管道中流动时,有两种完全不同的流动状态——层流和紊流。流动状态的不同直接影响液流的各种特性。下面介绍液流的两种流态,以及判断两种流态的方法。

1. 层流和紊流

(1) 层流是指液体流动时,液体质点间没有横向运动,且不混杂,作线状或层状的流动。

（2）紊流是指液体流动时，液体质点间有横向运动或产生小漩涡，作杂乱无章的运动。

2. 雷诺数判断

液体的流动状态是层流还是紊流，可以通过无量纲值雷诺数 Re 来判断。实验证明，液体在圆管中的流动状态可用下式来表示

$$Re = \frac{vd}{\nu} \tag{2-22}$$

式中：v——管道的平均速度；

ν——液体的运动黏度；

d——管道内径。

在雷诺实验中发现，液流由层流转变为紊流和由紊流转变为层流时的雷诺数是不同的，前者比后者的雷诺数要大。因为由杂乱无章的运动转变为有序的运动更慢、更不易。在理论计算中，一般都用小的雷诺数作为判断流动状态的依据，称为临界雷诺数，计为 Re_{cr}。当雷诺数小于临界雷诺数时，为层流；反之，为紊流。

对于非圆截面的管道来说，雷诺数可用下式表示

$$Re = \frac{vd_k}{\nu} \tag{2-23}$$

式中：d_k——通流截面的水力直径；

v——速度；

ν——黏度。

水力直径 d_k 可用下式来表示

$$d_k = \frac{4A}{\chi}$$

式中：A——管道的通流截面积；

χ——湿周，即流体与固体壁面相接触的周长。

水力直径的大小直接影响液体在管道中的通流能力。水力直径大，说明液流与管壁接触少，阻力小，通流能力大，即使通流截面小也不易堵塞。一般圆形管道的水力直径比其他同通流截面的不同形状的水力直径大。

雷诺数的物理意义：由雷诺数 Re 的数学表达式可知，惯性力与黏性力的无因次比值是雷诺数；而影响液体流动的力主要是惯性力和黏性力。所以雷诺数大说明惯性力起主导作用，这样的液流呈紊流状态；若雷诺数小就说明黏性力起主导作用，这样的液流呈层流状态。

二、液体流动的压力损失定义与分类

1. 沿程压力损失

实际液体是有黏性的，当液体流动时，这种黏性表现为阻力。要克服这个阻力，就必须消耗一定能量。这种能量消耗表现为压力损失。损耗的能量转变为热能，使液压传动系统温度升高，性能变差。因此在设计液压传动系统时，应尽量减少压力损失。

沿程压力损失，是指液体在直径不变的直管中流动时克服摩擦阻力的作用而产生的能量消耗。因为液体流动有层流和紊流两种状态，所以沿程压力损失也有层流沿程损失和紊流沿程压力损失两种。

1) 层流沿程压力损失

在液压传动系统中,液体在管道中的流动速度相对比较低,所以圆管中的层流是液压传动中最常见的现象。在设计和使用液压传动系统时,希望管道中的液流保持这种状态。

如图 2-7 所示,有一直径为 d 的圆管,液体自左向右地作层流流动。在管内取出一段半径为 r,长为 l,中心与管道轴心相重合的小圆柱体,作用在其两端的压力为 p_1、p_2,作用在侧面上的内摩擦力为 F_f。根据条件可知每一同心圆上的流速相等,通流截面上自中心向管壁的流速不等。中心速度大,靠近管壁速度最小,为零。小圆柱受力平衡方程式为

$$(p_1 - p_2)\pi r^2 = F_f \tag{2-24}$$

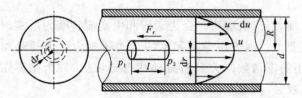

图 2-7　液体在圆管中作层流流动

由式(2-24)可知,内摩擦力 $F_f = -\mu A \dfrac{\mathrm{d}u}{\mathrm{d}r} = -\mu 2\pi rl \dfrac{\mathrm{d}u}{\mathrm{d}r}$(因管中流速 u 随 r 增大而减小,故 $\dfrac{\mathrm{d}u}{\mathrm{d}r}$ 为负值,为使 F_f 为正值,前面加一负号)。

令

$$\Delta p = p_1 - p_2$$

所以

$$\Delta p \pi r^2 = -2\pi rl\mu \frac{\mathrm{d}u}{\mathrm{d}r}$$

上式整理后,可得

$$\mathrm{d}u = -\frac{\Delta p}{2\mu l}r\,\mathrm{d}r$$

对上式等号两边进行积分,并利用边界条件,当 $r = R$ 时,$u = 0$,最后得

$$u = \frac{\Delta p}{4\mu l}(R^2 - r^2) \tag{2-25}$$

由式(2-25)可见,在通流截面中,流速相等的点至圆心的距离 r 相等,整个速度分布呈抛物面形状。当 $r = 0$ 时,速度达到最大 $u_{max} = \dfrac{\Delta p R^2}{4\mu l}$;当 $r = R$ 时,速度最小 $u_{min} = 0$。

在半径为 r 的圆柱上取一微小圆环 $\mathrm{d}r$,此面积为 $\mathrm{d}A = 2\pi r\mathrm{d}r$,通过此圆环面积的流量为

$$\mathrm{d}q = u\mathrm{d}A = 2\pi ru\mathrm{d}r$$

对上式进行积分,得

$$q = \int_0^R 2\pi ur\,\mathrm{d}r = \int 2\pi \frac{\Delta p}{4\mu l}(R^2 - r^2)r\,\mathrm{d}r = \frac{\pi R^4}{8\mu l}\Delta p = \frac{\pi d^4}{128\mu l}\Delta p$$

即

$$q = \frac{\pi d^4}{128\mu l}\Delta p \tag{2-26}$$

式(2-26)就是计算液流通过圆管层流时的流量公式,说明液体在作层流运动时,通过直管中的流量与管道直径的 4 次方、与两端的压差成正比,与动力黏度、管道长度成反比。这也就是说,要使黏度为 μ 的液体在直径为 d、长度为 l 的直管中以流量 q 流过,则其两端必须

有 Δp 的压力降。

根据平均速度的定义,可求出通过圆管的平均速度为

$$v = \frac{q}{A} = \frac{1}{\pi R^2} \frac{\pi R^4}{8\mu l} \Delta p = \frac{R^2}{8\mu l} \Delta p = \frac{d^2}{32\mu l} \Delta p$$

v 与 u_{max} 比较可知,平均流速是最大流速的一半。

在式(2-26)中,$\Delta p = p_1 - p_2$ 就是液流通过直管时的压力损失,可得

$$\Delta p = \frac{128\mu l}{\pi d^4} q \qquad (2\text{-}27)$$

实际计算系统的压力损失时,为了与局部压力损失有相同的形式,常将式(2-27)改写如下形式

把 $\mu = v\rho$,$Re = \dfrac{vd}{\nu}$,$q = \dfrac{\pi d^2}{4} v$,代入式(2-27),并整理后得

$$\Delta p = \frac{64}{Re} \cdot \frac{l}{d} \cdot \frac{\rho v^2}{2} = \lambda \frac{l}{d} \cdot \frac{\rho v^2}{2} \qquad (2\text{-}28)$$

式中:Δp——层流沿程损失;

ρ——液体的密度;

Re——雷诺数;

v——液体流动的平均速度;

d——管子直径;

λ——沿程阻力系数,理论值为 $\lambda = \dfrac{64}{Re}$。

考虑到实际流动时存在截面不圆、温度变化等因素,试验证明,液体在金属管道中流动时宜取 $\lambda = \dfrac{75}{Re}$,在橡胶软管中流动时宜取 $\lambda = \dfrac{80}{Re}$。另外,在实际计算压力损失时,注意单位统一,并且都用常用单位。式(2-28)也可表示为

$$h = \frac{\Delta p}{\gamma} = \lambda \frac{l}{d} \frac{v^2}{2g} \qquad (2\text{-}29)$$

2)紊流沿程压力损失

紊流状态时液体质点除作轴向流动外,还有横向流动,引起质点之间的碰撞,并形成漩涡。因此,液体作紊流运动时的能量损失比层流时大得多。紊流运动时液体的运动参数(压力 p 和流速 u)随时间而变化,因而是一种非稳定流动。通过实验发现,其运动参数总是在某一平均值上下脉动。所以可用平均值来研究紊流,把紊流简化为稳定流动。

液体在直管中紊流流动时,其沿程压力损失的计算公式与层流时的相同,但是式中的沿程阻力系数 λ 有所不同。由于紊流时管壁附近有一层层流边界层,它在 Re 较低时厚度较大,把管壁的表面粗糙度掩盖住,使之不影响液体的流动,液体像流过一根光滑管一样(称为水力光滑管)。这时的 λ 仅与 Re 有关,与表面粗糙度无关,即 $\lambda = f(Re)$。当 Re 增大时,层流边界层厚度变薄,当它小于管壁表面粗糙度时,管壁表面粗糙度就突出在层流边界层之外(称为水力粗糙管),对液体的压力产生影响。这时的 λ 将与 Re 及管壁的相对表面粗糙度 Δ/d(Δ 为管壁的绝对表面粗糙度,d 为管子内径)有关,即 $\lambda = f(Re, \Delta/d)$。当液体流速进一步加快,$Re$ 再进一步增大时,λ 仅与相对表面粗糙度 Δ/d 有关,即 $\lambda = f(\Delta/d)$,这时就称管流进入了阻力平方区。

圆管的沿程阻力系数 λ 的计算公式列于表 2-1 中。

表 2-1　圆管的沿程阻力系数 λ 的计算公式

流动区域		雷诺数范围		λ 计算公式
层流			$Re < 2\,320$	$\lambda = \dfrac{64}{Re}$ (理论) $\lambda = \dfrac{75}{Re}$ (金属管) $\lambda = \dfrac{80}{Re}$ (橡胶管)
紊流	水力光滑管区	$Re < 22\left(\dfrac{d}{\Delta}\right)^{\frac{8}{7}}$	$2\,320 < Re < 10^{5}$	$\lambda = 0.316\,4Re^{-0.25}$
			$10^{5} \leqslant Re \leqslant 10^{8}$	$\lambda = 0.308(0.842 - \lg Re)^{-2}$
	水力粗糙管	$22\left(\dfrac{d}{\Delta}\right)^{\frac{8}{7}} < Re \leqslant 597\left(\dfrac{d}{\Delta}\right)^{\frac{9}{8}}$		$\lambda = \left[1.14 - 2\lg\left(\dfrac{\Delta}{d} + \dfrac{21.25}{Re^{0.9}}\right)\right]^{-2}$
	阻力平方区	$Re > 597\left(\dfrac{d}{\Delta}\right)^{\frac{9}{8}}$		$\lambda = 0.11\left(\dfrac{\Delta}{d}\right)^{0.25}$

管壁绝对表面粗糙度 Δ 的值,在粗估时,钢管取 0.04 mm,铜管取 0.001 5~0.01 mm,铝管取 0.001 5~0.06 mm,橡胶软管取 0.03 mm,铸铁管取 0.25 mm。

2. 局部压力损失

局部压力损失,就是液体流经管道的弯头、接头、阀口及突然变化的截面等处时,因流速或流向发生急剧变化而在局部区域产生流动阻力所造成的压力损失。由于液流在这些局部阻碍处的流动状态相当复杂,影响因素较多,因此除少数(如液流流经突然扩大或突然缩小的截面时)能在理论上作一定的分析外,其他情况都必须通过实验来测定。

局部压力损失的计算公式为

$$\Delta p = \xi \frac{\rho v^{2}}{2} \tag{2-30}$$

式中:ξ——局部阻力系数,由实验求得,也可查阅有关手册;

　　　v——液体的平均流速,一般情况下均指局部阻力下游处的流速。

但是对于阀和过滤器等液压元件,往往并不能用式(2-30)来计算其局部压力损失,因为液流情况比较复杂,难以计算。这些局部压力损失可以根据产品样本上提供的在额定流量 q_r 下的压力损失 Δp_r 通过换算得到。设实际通过的流量为 q,则实际的局部压力损失可用下式计算

$$\Delta p_{\xi} = \Delta p_r \left(\frac{q}{q_r}\right)^{2} \tag{2-31}$$

3. 管路中总的压力损失

液压传动系统的管路由若干段直管和一些弯管、阀、过滤器、管接头等元件组成,因此管路总的压力损失就等于所有直管中的沿程压力损失之和与所有局部压力损失之和的叠加。即

$$\Delta p = \sum \lambda \frac{l}{d} \cdot \frac{\rho v^{2}}{2} + \sum \xi \frac{\rho v^{2}}{2} \tag{2-32}$$

必须指出,式(2-22)仅在两相邻局部压力损失之间的距离大于管道内径 10~20 倍时才

是正确的。因为液流经过局部阻力区域后受到很大的扰动,要经过一段距离才能稳定下来。如果距离太短,液流还未稳定就又要经历后一个局部阻力,它所受到的扰动将更为严重,这时的阻力系数可能会比正常值大好几倍,按式(2-32)算出的压力损失值比实际数值要小。

三、减少压力损失的措施

通常情况下,液压传动系统的管路并不长,所以沿程压力损失比较小,而阀等元件的局部压力损失却较大。因此,管路总的压力损失一般以局部损失为主。

液压传动系统的压力损失绝大部分转换为热能,使油液温度升高、泄漏增多、传动效率降低。为了减少压力损失,常采用下列措施:

(1) 尽量缩短管道,减小截面变化和管道弯曲;

(2) 管道内壁尽量做得光滑,油液黏度恰当;

(3) 由于流速的影响较大,应将油液的流速限制在适当的范围内。

【复习延伸】

1. 简述压力损失的分类与各自主要产生的条件。

2. 液体有几种流动状态?用什么来判断液体的流动状态?雷诺数的物理意义是什么?

3. 管道液体流动的压力损失中影响最大的因素是什么?

4. 简述减少压力损失的措施。

◀ 任务 3 孔口与缝隙流量 ▶

【任务导入】

本任务重点研究小孔和缝隙的流量压力特性,为研究阀的工作原理和液压传动系统泄露打下理论基础。

【任务分析】

通过对薄壁小孔、细长小孔及缝隙流量的研究,熟悉液体流经小孔和缝隙的流量压力特性。

【相关知识】

一、孔口流量影响因素、控制阀流量的措施

小孔在液压与气压传动中的应用非常广泛。下面主要根据液体经过薄壁小孔、厚壁小孔和细长小孔的流动情况,分析它们的流量压力特性,为以后学习节流调速及伺服系统工作原理打下理论基础。

1. 薄壁小孔的流量压力特性

如图 2-8 所示,当小孔的长度为 l,小孔的直径为 d,当长径之比 $l/d \leqslant 0.5$ 时,这种小孔

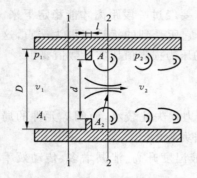

图 2-8　薄壁小孔的流量推导图

称为薄壁小孔。一般孔口边缘做成刀刃口形式。各种结构形式阀口一般属于薄壁小孔类型。

液体流过小孔时,因 $D \gg d$,相比之下,流过断面 1—1 时的速度较低。当液流流过小孔时在流体惯性力作用下,使通过小孔后的流体形成一个收缩截面 A_2(对圆形小孔,约至离孔口 $\dfrac{d}{2}$ 处收缩为最小),然后再扩大,这一收缩和扩大过程便产生了局部能量损失,并以热的形式散发。当管道直径与小孔直径之比 $D/d \geqslant 7$ 时,流体的收缩作用不受孔前管道内壁的影响,这时称流体完全收缩;当 $D/d < 7$ 时,孔前管道内壁对流体进入小孔有导向作用,这时称流体为不完全收缩。

设收缩截面 A_2 与孔口截面 A 之比值称为截面收缩系数 C_c,即

$$C_c = \frac{A_2}{A} \tag{2-33}$$

在图 2-8 中,在截面 1—1 及截面 2—2 上列出伯努利方程。

由于 $D \gg d$,$v_1 \ll v_2$,故 v_1 可忽略不计,得

$$\frac{p_1}{\rho g} = \frac{p_2}{\rho g} + \frac{\alpha_2 v_2^2}{2g} + \xi \frac{v_2^2}{2g} \tag{2-34}$$

化简后得

$$v_2 = \frac{1}{\sqrt{\alpha_2 + \xi}} \sqrt{\frac{2}{\rho}(p_1 - p_2)} = C_v \sqrt{\frac{2}{\rho} \Delta p} \tag{2-35}$$

式中:Δp——小孔前后压差,$\Delta p = p_1 - p_2$;

α_2——收缩截面 2—2 上的动能修正系数;

ξ——在收缩截面处按平均流速计算的局部阻力损失系数。

令 $C_v = \dfrac{1}{\sqrt{\alpha_2 + \xi}}$,称为速度系数,对薄壁小孔来说,收缩截面处的流速是均匀的,$\alpha_2 = 1$,故 $C_v = \dfrac{1}{\sqrt{1 + \xi}}$。

由此可得到通过薄壁小孔的流量为

$$q = A_2 v_2 = C_v \sqrt{\frac{2}{\rho} \Delta p} \, C_c A = C_d A \sqrt{\frac{2}{\rho} \Delta p} \tag{2-36}$$

式中:C_d——流量系数,$C_d = C_c C_v$;

A——小孔的截面积。

通常,C_c 的值可根据雷诺数的大小查阅有关手册,而液体的流量系数 C_d 的值一般由实验测定。在液流完全收缩的情况下,对常用的液压油,流量系数可取 $C_d = 0.62$;在液流不完全收缩时,因管壁离小孔较近,管壁对液流进入小孔起导向作用,流量系数 C_d 可增大至 $0.7 \sim 0.8$,具体数值可查阅有关手册;当小孔不是刃口形式而是带棱边或小倒角的孔时,C_d 值将更大。

2. 厚壁小孔和细长小孔的流量压力特性

1) 厚壁小孔的流量压力特性

当小孔的长度与直径之比为 $0.5 < l/d \leqslant 4$ 时,此小孔称为厚壁小孔,它的孔长 l 影响液

体流动情况,出口流体不再收缩,因液流经过厚壁小孔时的沿程压力损失仍然很小,故可以略去不计。厚壁小孔的流量计算公式仍然是式(2-36),只是流量系数 C_d 较薄壁小孔的大,它的数值可查阅有关图表,一般取 0.8 左右。厚壁小孔加工比薄壁小孔加工容易得多,因此特别适用作要求不高的固定节流器使用。

2)细长小孔的流量压力特性

当小孔的长度与直径之比为 $l/d > 4$ 时,此小孔称为细长小孔。由于油液流经细长小孔时一般都是层流状态,所以细长小孔的流量公式为

$$q = \frac{\pi d^4}{128\mu l}\Delta p$$

由上式可知,液流流经细长小孔的流量与小孔前后的压力差 Δp 的一次方成正比,而流经薄壁小孔的流量与小孔前后的压力差平方根成正比,所以细长小孔相对薄壁小孔而言,压力差对流量的影响要大些;同时,流经薄壁小孔的流量和液体动力黏度 μ 成反比,当温度升高时,油液的黏度降低,因此流量受液体温度变化的影响较大,这一点与薄壁小孔、短孔的特性明显不同。它一般局限于用作阻尼器或在流量调节程度要求低的场合。

3. 液体经小孔流动时流量压力的统一公式

由上述三种小孔的流量公式,可以综合地用下面公式表示,即

$$q = KA\Delta p^m \tag{2-37}$$

式中:K——由流经小孔的油液性质所决定的系数;

A——小孔的通流截面积;

Δp——通过小孔前后的压力差;

m——由小孔形状所决定的指数;薄壁小孔 $m = 0.5$,厚壁小孔 $0.5 < m < 1$,细长小孔 $m = 1$。

二、缝隙流量影响因素、减少泄露的措施

在液压传动系统中,阀、泵、马达、液压缸等部件都存在着大量的缝隙,这些缝隙是导致泄漏的主要原因,造成这些液压元件容积效率的降低、功率损失加大、系统发热增加,另外,缝隙过小也会造成相对运动表面之间的摩擦阻力增大。因此,适当的间隙是保证液压元件能正常工作的必要条件。

液压传动系统中常见的缝隙形式有两种:一种是由两平行平面形成的平面缝隙,另一种是由内、外两个圆柱面形成的环状缝隙。油液在间隙中的流动状态一般是层流。

1. 液体平行平板缝隙流动的流量压力特性

如图 2-9 所示,有两块平行平板,其间充满了液体,设缝隙高度为 h,宽度为 b,长度为 l,且一般有 $b \gg h$ 和 $l \gg h$。若考虑液体通过平行平板缝隙时的最一般流动情况,即缝隙两端既存在压差 $\Delta p = p_1 - p_2$ 作用,产生压差流动;又受到平行平板间相对运动的作用,产生剪切流动。

平板缝隙液体流量为

$$q = \frac{bh^3}{12\mu l}\Delta p \pm \frac{bh}{2}u_0 \tag{2-38}$$

式(2-38)中,剪切与压差流动方向一致时,取正;剪切与压差流动方向相反时,取负。

当平行平板间没有相对运动,即 $u_0 = 0$ 时,通过平板的缝隙液流完全由压差引起,其值为

$$q = \frac{bh^3}{12\mu l}\Delta p \qquad (2-39)$$

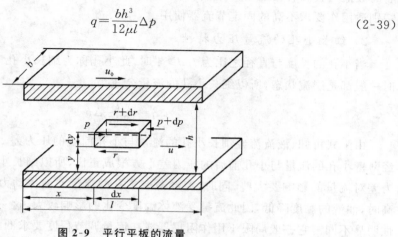

图 2-9　平行平板的流量

当平行平板两端不存在压差,仅有平板运动,经缝隙的液体作纯剪切运动,流量为

$$q = \frac{bh}{2}u_0 \qquad (2-40)$$

通过平行平板缝隙的流量与缝隙值的三次方成正比,说明元件内缝隙的大小对其泄漏量的影响是很大的。

2. 液体同心圆环和偏心圆环的流量压力特性

液压和气动各零件间的配合间隙大多是圆环形间隙,例如,缸筒和活塞间、滑阀和阀套间,等等。所有这些情况理想状况下为同心环形缝隙,但在实际中,可能为偏心环形缝隙,下面分别讨论。

1)同心圆环缝隙的流量

如果同心圆环间隙 h 和半径之比很小,上述所得平行平板缝隙流动的结论都适用于这种流动。若将环形断面管顺着轴向割开,展开成平面,此流动与平行平板缝隙流动变得完全相似。所以只要在平行平板缝隙的流量计算公式(2-38)中将宽度 b 用圆周长 πd 代入即可。

2)偏心圆环缝隙的流量

图 2-10 所示为偏心环形缝隙的流动。设内外圆间的偏心距为 e,在任意角度 θ 处的缝隙为 h,h 沿着圆周方向是个变量。ε 为相对偏心率,$\varepsilon = \dfrac{e}{h_0}$;$h_0$ 为内外圆同心时的半径差,$h_0 = R - r$。

其流量公式为

$$q = \frac{\pi d h_0^3 \Delta p}{12\mu l}(1 + 1.5\varepsilon^2) + \frac{\pi d h_0 u_0}{2} \qquad (2-41)$$

当内外圆相互间没有轴向相对移动时,即 $u_0 = 0$,其流量为

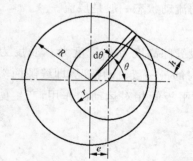

图 2-10　偏心圆环缝隙间的流量推导图

$$q = \frac{\pi d h_0^3 \Delta p}{12\mu l}(1 + 1.5\varepsilon^2) \qquad (2-42)$$

由式(2-42)可看出,当 $\varepsilon=0$ 时,它就是同心环形缝隙的流量公式。当 $\varepsilon=1$ 时,存在最大偏心,理论上其流量为同心环形缝隙的流量的 2.5 倍。所以在液压元件的制造装配中,为了减少流经缝隙的泄漏量,应尽量使配合件处于同心状态。

【复习延伸】

(1) 小孔的分类有哪些?哪类孔流量受液体黏度影响最小?

(2) 薄壁小孔有哪些优点?

(3) 影响缝隙流量的最大因素是什么?

(4) 环形缝隙在偏心和同心时产生的泄露流量有什么不同?

◀ 任务 4　空穴现象与液压冲击 ▶

【任务导入】

在液压传动系统中,空穴现象与液压冲击对设备会产生较大危害,在设计、安装调试液压设备过程中,要避免这两种现象的产生或减弱其危害强度,所以本任务研究空穴现象与液压冲击现象。

【任务分析】

要避免空穴现象与液压冲击的产生或减弱其危害强度,要研究这两个现象的产生原因、危害及防范措施。

【相关知识】

一、空穴现象的定义、产生原因、危害及防范措施

1. 空穴、气蚀的概念及空穴、气蚀的危害

1) 空穴

在液压传动系统的工作介质中,会不可避免地混有一定量的空气,当流动液体某处的压力低于空气分离压力时,正常溶解于液体中的空气就成为过饱和状态,从而会从油液中迅速分离出来,使液体产生大量气泡。此外,当油液中某一点处的压力低于当时温度下的蒸汽压力时,油液将沸腾汽化,在油液中形成气泡。以上两种情况都会使气泡混杂在液体中,使原来充满在管道或元件中的液体成为不连续状态,这种现象一般称为空穴现象。

2) 气蚀

当气泡随着液流进入高压区时,气泡在高压作用下迅速破裂或急剧缩小,又凝结成液体,原来气泡所占据的空间形成了局部真空,周围液体质点以极高速度来填补这一空间,质点间相互碰撞而产生局部高压,形成液压冲击。这个局部液压冲击作用在零件的金属表面

上,使金属表面腐蚀,这种因空穴产生的腐蚀则称为气蚀。

3)空穴、气蚀的危害

如果在液流中产生了空穴现象,会使系统中的局部产生非常高的温度和冲击压力,引起噪声和振动,再加上气泡中有氧气,在高温、高压和氧化的作用下会使工作介质变质,使零件表面疲劳,还对金属产生气蚀作用,从而使液压元件表面腐蚀、剥落,出现海绵状的小洞穴,甚至导致液压元件失灵。尤其是当液压泵发生空穴现象时,除了会产生噪声和振动外,还会由于液体的连续性被破坏,降低吸油能力,导致流量和压力的波动,使液压泵零件承受冲击载荷,缩短液压泵的使用寿命。

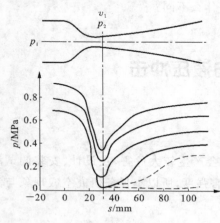

图 2-11 节流口的气穴现象

2. 节流气穴

当液体流到如图 2-11 所示的水平放置管道节流口的喉部时,因 $q=Av$,通流截面积小,流速变得很高。又根据能量方程 $\dfrac{p_1}{\rho g}+\dfrac{v_1^2}{2g}=\dfrac{p_2}{\rho g}+\dfrac{v_2^2}{2g}$,所以该处的压力会很低。如该处的压力低于液体工作温度下的空气分离压力,就会出现气穴现象。同样,在液压泵的自吸过程中,如果泵的吸油管太细、阻力太大、滤网堵塞,或泵安装位置过高、转速过快等,也会使其吸油腔的压力低于工作温度下的空气分离压力,从而产生气穴。

当液压传动系统出现气穴现象时,大量的气泡使液流的流动特性变坏,造成流量不连续,流动不稳,噪声骤增。特别是当带有气泡的液流进入下游高压区时,气泡受到周围高压的作用,迅速破灭,使局部产生非常高的液压冲击。例如,在 38 ℃温度下工作的液压泵,当泵的输出压力分别为 6.8 MPa、13.6 MPa、20.4 MPa 时,气泡破灭处的局部温度可高达 766 ℃、993 ℃、1 149 ℃,冲击压力会达到几百兆帕。这样的局部高温和冲击压力,会产生气蚀。气蚀会严重损伤元件表面质量,大大缩短液压元件的使用寿命。

3. 减少空穴的措施

在液压传动系统中,只要液体压力低于空气分离压力,就会产生气穴现象。要想完全消除空穴现象是十分困难的,但可尽力加以防止。必须从设计、结构、材料的选用上来考虑,具体措施如下。

(1)保持液压传动系统中的油压高于空气分离的压力。对于管道来说,要求油管要有足够的管径,并尽量避免有狭窄处或急剧转弯处;对于阀来说,正确设计阀口,减少液体通过阀孔前后的压差;对于液压泵来说,离油面的高度不得过高,以保证液压泵吸油管路中各处的油压都不低于空气分离压力。

(2)降低液体中气体的含量。例如,管路的密封要好,不要漏气,以防空气侵入。

(3)对液压元件来说,应选用抗腐蚀能力较强的金属材料,并进行合理的结构设计,适当提高零件的力学强度,减小表面粗糙度,以提高液压元件的抗气蚀能力。

二、液压冲击的定义、产生原因、危害及防范措施

1. 液压冲击的定义

在液压传动系统中,由于某种原因引起油液的压力在某一瞬间突然急剧升高,形成较大的压力峰值,这种现象称为液压冲击。

2. 液压冲击产生的原因

(1) 液压冲击多发生在液流突然停止运动的时候,如迅速关闭阀门时,液体的流动速度突然降为零,液体受到挤压,使液体的动能转换为液体的压力能,造成液体的压力急剧升高,而引起液压冲击。

(2) 在液压传动系统中,高速运动的工作部件的惯性力也会引起液压冲击。例如,工作部件换向或制动时,排油管路上常由一个控制阀关闭油路,油液不能从油缸中排出,但此时运动部件因惯性的作用还不能立即停止运动,这样也会引起液压缸和管路中局部油压急剧升高而产生液压冲击。

(3) 液压传动系统中某些元件反应动作不够灵敏,也会造成液压冲击。例如,溢流阀在超压时不能迅速打开,形成压力的超调;限压式变量液压泵在油压升高时不能及时减少输油量等,都会造成液压冲击。

3. 液压冲击的危害

产生液压冲击时,系统的瞬时压力峰值有时比正常工作压力高好几倍,会引起设备振动和噪声,大大降低了液压传动系统的精度和寿命。液压冲击还会损坏液压元件、密封装置,甚至使管子爆裂。由于压力增高,还会使系统中的某些元件,如顺序阀和压力继电器等产生误动作,影响系统正常工作,可能会造成工作中的事故。

4. 液体突然停止运动时产生的液压冲击

有一液面恒定并能保持液面压力不变的容器,如图 2-12 所示。容器底部连一管道,在管道的输出端装有一个阀门。管道内的液体经阀门 2 流出。若将阀门突然关闭,则紧靠阀门的这部分液体立即停止运动,液体的动能瞬时转变为压力能,产生冲击压力,接着后面的液体依次停止运动,依次将动能转变为压力能,在管道内形成压力冲击波,并以速度 v 从阀门 2 向容器 1 传播。

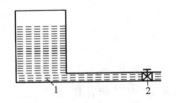

图 2-12　速度突变引起的液压冲击

1—容器;2—阀门

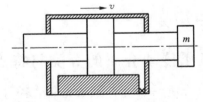

图 2-13　运动部件阀门突然关闭引起的液压冲击

5. 运动部件制动时引起的液压冲击

运动部件的惯性也是引起液压冲击的重要原因。如图 2-13 所示,设活塞以速度 v 驱动负载 m 向右运动,活塞和负载的总质量为 $\sum m$。当突然关闭出口通道时,液体被封闭在右腔中。但由于运动部件的惯性,它仍会向前运动一小段距离,使腔内油液受到挤压,引起液体压力急剧上升。运动部件则因受到右腔内液体压力产生的阻力而制动。

6. 减小液压冲击的措施

因液压冲击有较多的危害性,所以可针对上述影响冲击压力 Δp 的因素,采取以下措施来减小液压冲击。

(1) 适当加大管径,限制管道流速 v,一般在液压传动系统中把 v 控制在 4.5 m/s 以内,使 Δp_{max} 不超过 5 MPa 就可以认为是安全的。

(2) 正确设计阀口或设置缓冲装置(如阻尼孔),使运动部件制动时速度变化比较均匀。

(3) 缓慢开关阀门,可采用换向时间可调的换向阀。

(4) 尽可能缩短管长,以减小压力冲击波的传播时间,变直接冲击为间接冲击。

(5) 在容易发生液压冲击的部位采用橡胶软管或设置蓄能器,以吸收冲击压力;也可以在这些部位安装安全阀,以限制压力升高。

【复习延伸】

(1) 什么是空穴现象?它有何危害?怎样防止?

(2) 什么是液压冲击?产生的原因是什么?有何危害?怎样预防?

◀ 任务5 液压传动介质的选用 ▶

【任务导入】

液压传动介质是液压传动系统的主要组成部分,是液压传动中能量传递的载体,选择合理的液压传动介质是十分必要的,会直接影响设备的工作性能。

【任务分析】

液压传动介质的选用主要是选择传动介质的类型和黏度,本节任务重点讨论液压传动介质的黏度和分类,以及使用中污染的防范。

【相关知识】

一、液压传动介质的分类与特点

液压传动介质 —— 液压油的类型很多,主要有石油型、合成型和乳化型三大类型。下面主要介绍石油型液压油。

石油型液压油有机械油、汽轮机油、普通液压油和专用液压油。机械油是一种工业用润滑油,价格较低,但抗氧化稳定性较差,使用时易生成黏稠胶质,阻塞元件小孔及缝隙,影响液压传动系统的工作性能。常用于一般机床、机械的润滑,在液压传动中用于要求不高的场合。目前,增加抗氧化、抗泡剂后,机械油的性能已有所改善。汽轮机油是经精炼并加有某些添加剂调和而成的,是一种抗氧化、抗乳化性好,相当纯净的液压油,常用于要求较高的液压传动系统。普通液压油又称精密机床液压油,一般是以汽轮机油为基础油再加以多种添加剂制成的,其抗氧化、抗磨、抗泡、黏温特性均好,广泛适用于要求较高的中低压液压传动系统。

上述三种液压油的低温性能都不够好,因此主要用于室内的液压设备。对于高压或中高压系统,可根据其工作条件和特殊要求选用抗磨液压油、低温液压油、高黏度指数液压油或其他专用液压油。

石油型液压油有很多优点,但主要缺点是具有可燃性。在一些高温、易燃、易爆的工作场合,为了安全,应该在系统中使用抗燃性液压油,如磷酸酯液、水-乙二醇液等合成型和油包水、水包油等乳化液。

二、液压传动介质的黏度与牌号

1. 工作介质的物理性质

液体是液压传动的工作介质,最常用的是液压油。工作介质的物理性质有多项,下面选择与液压传动性能密切相关的三项作介绍。

1)密度

单位体积液体所具有的质量称为该液体的密度,用公式表示为

$$\rho = \frac{m}{V} \tag{2-43}$$

式中:ρ—— 液体的密度,单位为 kg/m^3;

　　m—— 液体的质量,单位为 kg;

　　V—— 液体的体积,单位为 m^3。

严格来说,液体的密度随着压力或温度的变化而变化,但变化量一般很小,在工程计算中可以忽略不计。在进行液压传动系统相关的计算时,通常取液压油的密度为 $900\ kg/m^3$。

2)可压缩性

液体受增大的压力作用而使体积缩小的性质称为液体的可压缩性。设容器中液体原来压力为 p_0,体积为 V_0,当液体压力增大 Δp 时,体积缩小 ΔV,则液体的可压缩性可用压缩系数 k 来表示,它是指液体在单位压力变化下的体积相对变化量,用公式表示为

$$k = -\frac{1}{\Delta p} \cdot \frac{\Delta V}{V_0} \tag{2-44}$$

式中:k—— 压缩系数,单位为 m^2/N。

由于压力增大时液体的体积减小,为了使 k 为正值,在上式右边须加一负号。

液体压缩系数 k 的倒数,称为液体的体积弹性模量,简称体积模量,用 K 表示,即

$$K = \frac{1}{k} = -\frac{\Delta p}{\Delta V} V_0 \tag{2-45}$$

表 2-3 列举了各种工作介质的体积模量,石油基液压油的可压缩性是钢的 $100 \sim 150$ 倍。液体的体积模量与温度、压力有关。温度升高时,K 值减小;压力增大时,K 值增大,当 $p \geqslant 3\ MPa$ 时,K 值基本上不再增大。由于空气的压缩性很大,当液压油液中混有游离气泡时,K 值将大大减小。例如,当油中混有 1% 空气气泡时,体积模量则降低到纯油的 5% 左右;当油中混有 5% 空气气泡时,体积模量则降低到纯油的 1% 左右。故液压传动系统在设计和使用时,要采取措施尽量减少工作介质中的游离气泡的含量。

表 2-3　各种工作介质的体积模量(20 ℃,0.1 MPa)

介 质 种 类	体积模量 K/MPa	介 质 种 类	体积模量 K/MPa
石油基液压油	$(1.4 \sim 2.0) \times 10^3$	水-乙二醇基型	3.45×10^3
油包水乳化液	2.2×10^3	磷酸酯基型	2.65×10^3
水包油乳化液	1.95×10^3		

　　一般情况下,工作介质的可压缩性在研究液压传动系统静态(稳态)条件下工作的性能时,影响不大,可以不予考虑;但在高压下或研究系统动态性能及计算远距离操纵的液压传动系统时,必须予以考虑。

　　3)黏性

　　(1)黏性的定义　液体在外力作用下流动时,分子间的内聚力会阻碍分子间的相对运动而产生一种内摩擦力,这一特性称为液体的黏性。液体只有在流动(或有流动趋势)时才会呈现出黏性,静止液体是不呈现黏性的。黏性是液体重要的物理特性,是选择液压油的主要依据。

　　(2)黏性的度量　度量黏性大小的物理量称为黏度。常用的黏度有三种:动力黏度、运动黏度和相对黏度。

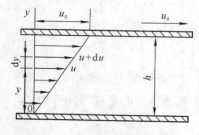

图 2-14　液体的黏性示意图

　　① 动力黏度。如图 2-14 所示,设两平行平板间充满液体,下平板不动,上平板以速度 u_0 向右平动。由于液体的黏性和液体与固体壁面间作用力的共同影响,导致液体流动时各层的速度大小不等,紧贴下平板的液体黏附于下平板上,其速度为零;紧贴上平板的液体黏附于上平板上,其速度为 u_0,中间各层的速度分布从上到下按线性规律变化。可以把这种流动看成是无限薄的液层在运动,速度快的液层带动速度慢的,速度慢的液层阻滞速度快的液层。

　　经实验测定:液体流动时相邻液层间的内摩擦力 F_f 与液层接触面积 A、液层间的相对速度 du 成正比,与液层的距离 dy 成反比,du/dy 称为两液层间的速度梯度,即

$$F_f = \mu A \frac{du}{dy} \tag{2-46}$$

式中:μ——比例系数,称为黏性系数或动力黏度,也称绝对黏度。

　　以 $\tau = \dfrac{F_f}{A}$ 表示液层间的切应力,即单位面积上的内摩擦力,则有

$$\tau = \mu \frac{du}{dy} \tag{2-47}$$

　　式(2-47)即为牛顿液体的内摩擦定律。动力黏度的物理意义就是液体在单位速度梯度下,单位面积上的内摩擦力大小。

　　在国际单位制和我国的法定计量单位中,μ 的单位为 Pa·s(帕·秒)或 N·s/m²(牛·秒/米²);而在厘米·克·秒(CGS)制中,μ 的单位为 P(泊)或 cP(厘泊)或 dyn·s/cm²(达因·秒/厘米²),1 Pa·s = 10 P = 10³ cP。从 μ 的单位可看出,μ 具有力、长度、时间的量纲,即具有动力学的量,故称为动力黏度。

② 运动黏度。在同一温度下,液体的动力黏度 μ 与它的密度 ρ 之比称为运动黏度,即

$$\nu = \frac{\mu}{\rho} \tag{2-48}$$

在国际单位制和我国的法定计量单位中,ν 的单位为 m^2/s,工程上常用 mm^2/s 来表示,$1\ m^2/s = 10^6\ mm^2/s$。因运动黏度具有长度和时间的量纲,即具有运动学的量,故称为运动黏度。

运动黏度 ν 没有明确的物理意义,是一个在液压传动计算中经常遇到的物理量,习惯上常用来标志液体的黏度,例如,液压油牌号,就是这种油液在 40 ℃ 时的运动黏度 ν 的平均值,如 40 号液压油就是指这种液压油在 40 ℃ 时的运动黏度的平均值为 40 cSt(厘斯)。

③ 相对黏度。动力黏度和运动黏度是理论分析和推导中常使用的黏度单位,但它们难以直接测量,实际中,要先求出相对黏度,然后再换算成动力黏度和运动黏度。相对黏度是特定测量条件下制定的,又称为条件黏度。测量条件不同,各国采用的相对黏度单位也不同。如中国、德国、俄罗斯用恩氏黏度;美国、英国采用通用赛氏秒或商用雷氏秒;法国采用巴氏度等。

恩氏黏度的测定方法:将 200 mL 温度为 t ℃ 的被测液体装入恩氏黏度计的容器内,让此液体从底部 $\phi 2.8$ mm 的小孔流尽所需时间 t_1,再测出相同体积温度为 20 ℃ 的蒸馏水在同一黏度计中流尽所需的时间 t_2,这两个时间之比即为被测液体在 t ℃ 下的恩氏黏度,即

$$°E_t = \frac{t_1}{t_2} \tag{2-49}$$

恩氏黏度与运动黏度(m^2/s)间的换算关系式为

$$\nu = \left(7.31°E - \frac{6.31}{°E}\right) \times 10^{-6} \tag{2-50}$$

2. 黏度与温度的关系

温度对油液黏度的影响很大,如图 2-15 所示,当油温升高时,其黏度显著下降,这一特性称为油液的黏温特性,它直接影响液压传动系统的性能和泄漏量,因此希望油液的黏度随温度的变化越小越好。

3. 压力对黏度的影响

当油液所受的压力加大时,其分子间的距离就缩小,内聚力增加,黏度会变大。但是这种变化在低压时并不明显,可以忽略不计;在高压情况下,这种变化不可忽略。

三、液压传动介质的选用

液压油既是液压传动与控制的工作介质,又是各种液压元件的润滑剂,它对系统的工作性能影响是很大的,因此必须充分引起重视。

液压传动中广泛采用石油型液压油,特殊情况下才采用抗燃合成型液压油。选择液压油时,主要是对黏度等级的选择,同时兼顾其他方面。黏度对液压传动系统的稳定性、可靠性、效率、温升以及磨损等都有显著的影响。选择黏度的总原则是:在高压、高温、低速情况下,应选用黏度较高的液压油,因为在这种情况下泄漏对系统的影响较大,黏度高可适当减小这些影响;在低压、低温、高速情况下,则应选用黏度较低的液压油。一般可从以下几方面考虑。

(1) 液压传动中所采用液压油的运动黏度一般为 $\nu_{40} = 20 \sim 150\ mm^2/s$。

(2) 在一般环境温度($t < 38$ ℃)的情况下,油液黏度可根据不同压力级别来选择。例

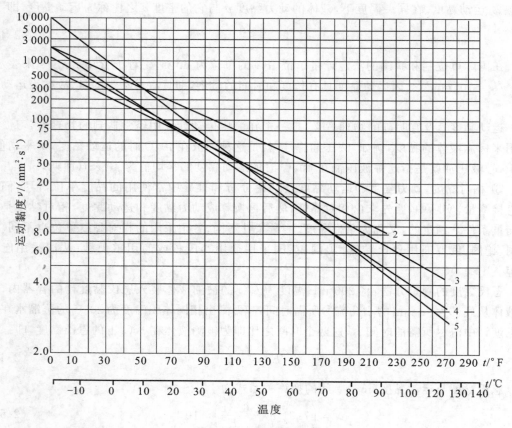

图 2-15　黏温特性曲线

1—水包油乳化液;2—水-乙二醇液;3—石油型高黏度指数液压油;4—石油型普通液压油;5—磷酸酯液

如:工作压力低于 7 MPa 时,宜选用 40 ℃ 运动黏度为 30 ~ 50 mm²/s 的液压油;工作压力为 7 ~ 20 MPa 时,宜选用 40 ℃ 运动黏度为 40 ~ 70 mm²/s 的液压油。

(3) 冬季应当选用黏度较低的液压油,夏季则应选黏度较高的液压油。

(4) 周围环境温度很高(超过 40 ℃ 以上时),应适当提高油液黏度。

(5) 对高速液压马达和快速液压缸的液压传动系统,应选用黏度较低的液压油。

(6) 对液压伺服系统,宜用低黏度液压油,通常 $\nu_{40} < 20$ mm²/s。

(7) 对于一些精度高、有特殊要求的液压传动系统,应采用专用液压油;对于一般液压传动系统,可采用机械油、汽轮机油等。

(8) 选用经济性好的液压油,如液压油的价格、使用期限,以及对液压元件寿命的影响等。

在液压传动系统的所有元件中,以液压泵对液压油的性能最为敏感,因为泵内零件的运动速度最高,承受压力最大,承压时间长,温升高。因此,可参照液压泵的类型及其要求来选择液压油的黏度。

四、液压传动介质污染防范与检查更换

据调查统计可知,液压油被污染是液压传动系统发生故障的主要原因,它严重影响着液

压传动系统的可靠性及元件的寿命。所以了解液压油的污染途径,控制液压油污染程度是非常重要的。

1. 污染产生的原因

凡是液压油成分以外的任何物质都可以认为是污染物。液压油中的污染物主要是固体颗粒物、空气、水及各种化学物质。另外,系统的静电能、热能、磁场能和放射能等也是以能量形式存在的对液压油危害的污染物质。液压油污染物的来源主要有以下两方面。

(1)外界侵入物的污染 它主要指液压油在运输过程中带进的和从周围环境中混入的空气、水滴、尘埃等。另外,还有液压装置在制造、安装和维修时残留下来的沙石、铁屑、型砂、磨粒、焊渣、铁锈、棉砂、清洗溶剂等。

(2)工作过程中产生的污染 它主要指液压元件相对运动磨损时产生的金属微粒、锈斑、密封材料磨损颗粒、涂料剥离片、水分、压力变化产生的气泡、液压油和密封材料等变质后产生的胶状生成物等。

2. 污染的危害

液压油被污染后,将会对系统及元件产生以下不良后果。

(1)固体颗粒及胶状生成物会加速元件磨损,堵塞泵及过滤器,堵塞元件相对运动缝隙,使液压泵和阀性能下降,使泄漏增加,产生气蚀和噪声。

(2)空气的侵入会降低液压油的体积模量,使系统响应变差,刚性下降,系统更易产生振动、爬行等现象。

(3)水和悬浮气泡显著削弱运动副间的油膜强度,降低液压油的润滑性。油液中的空气、水、热量、金属磨粒等加速了液压油的氧化变质,同时产生气蚀,使液压元件加速损坏。

3. 污染测定的方法与标准

1)污染测定的方法

液压油污染程度是指单位体积油液中固体颗粒物的含量,即液压油中固体颗粒物的浓度。对于其他污染物(如水和空气)则用水含量和空气含量表述。下面仅讨论油液中固体颗粒污染物的测定问题。目前采用的液压油污染程度测量方法如下。

(1)质量分析法 将一定体积样液中的固体颗粒全部收集在微孔滤膜上,通过测量滤膜过滤前后的质量,来计算污染物的含量。

(2)显微镜计数法 将一定体积样液中的滤膜在光学显微镜下观察,对收集在滤膜上的颗粒物按给定的尺寸范围计数。

(3)显微镜比较法 在专用显微镜下,将过滤样液的滤膜和标准污染度样片(具有不同等级)进行比较,从而判断污染度等级。

(4)自动颗粒计数法 利用自动颗粒计数器对油液中颗粒的大小和数量进行自动检测。

(5)滤膜(网)堵塞法 通过检测颗粒物对滤膜(网)堵塞而引起的流量或压差的变化来确定油液的污染度。

(6)扫描电子显微镜法 利用扫描电子显微镜和统计学方法对收集在滤膜上的颗粒物进行尺寸和数量的测定。

(7)图像分析法 利用摄像机将滤膜上收集的颗粒物或直接将液流中的颗粒物转换为显示屏上的影像,并利用计算机进行图像分析。

2) 污染测定的标准

我国制定的液压油颗粒污染度等级标准采用 ISO4406。在 1987 年颁布的国际标准 ISO4406 中规定,固体颗粒污染度等级代码按照颗粒含量大小划分为 26 个等级:0.9、0、1…24。根据液压油分析的颗粒计数结果,用不小于 5 μm 和不小于 15 μm 两个报告尺寸的颗粒含量等级代码表示液压油的污染度。前面的数码代表 1 mL 液压油中尺寸不小于 5 μm 的颗粒数等级,后面的数码代表 1 mL 液压油中不小于 15 μm 的颗粒数等级,两个数码用一斜线分隔。例如,污染度等级为 18/15 的液压油,表示在每毫升液压油内不小于 5 μm 的颗粒数在 1 300 ~ 2 500 之间,不小于 15 μm 的颗粒数在 160 ~ 320 之间。具体数据见表 2-4。

表 2-4 ISO4406 固体颗粒污染度等级代码

每毫升颗粒数		等级代码	每毫升颗粒数		等级代码
大于	上限值		大于	上限值	
80 000	160 000	24	10	20	11
40 000	80 000	23	5	10	10
20 000	40 000	22	2.5	5	9
10 000	20 000	21	1.3	2.5	8
5 000	10 000	20	0.64	1.3	7
2 500	5 000	19	0.32	0.64	6
1 300	2 500	18	0.16	0.32	5
640	1 300	17	0.08	0.16	4
320	640	16	0.04	0.08	3
160	320	15	0.02	0.04	2
80	160	14	0.01	0.02	1
40	80	13	0.005	0.01	0
20	40	12	0.002 5	0.005	0.9

ISO4406 在 1999 年进行了修订,修订后的标准规定:对于颗粒计数器计数采用不小于 4 μm、不小于 6 μm、不小于 14 μm 三个尺寸的颗粒含量等级代码表示液压油的污染度,还增加了 25、26、27、28 和大于 28 五个等级代码。

4. 防止污染的措施

为了延长液压元件的使用寿命,保证液压传动系统的正常工作,应将液压油的污染控制在规定范围内。一般常用以下措施。

（1）使用前严格清洗元件和系统 液压元件在加工的每道工序后都应净化,液压传动系统在装配前后必须严格清洗,用机械的方法除去残渣和表面氧化物,最好用系统工作时使用的油液清洗,不能用煤油、汽油、酒精和蒸汽等作为清洗介质,以免腐蚀元件。清洗时要用绸布或乙烯树脂海绵等,不能用棉布或棉纱。

（2）防止污染物从外界侵入 在储存、搬运和加注的各个阶段都应防止液压油被污染。给油箱加油时要用过滤器,油箱通气孔要加空气过滤器,对外露件应进行防尘密封,保持系统所有部位良好的密封性,并经常检查,定期更换,防止运行时尘土、磨粒和冷却物侵入系统。

（3）用合适的过滤器 这是控制液压油污染的重要手段。根据系统的不同使用要求选用不同过滤精度、不同结构的过滤器，并定期检查、清洗或更换滤芯。

（4）控制液压油的工作温度 液压油的工作温度过高对液压装置将产生不利影响，也会加速油液的氧化变质，产生各种生成物，缩短液压油的使用期限。所以液压装置必须具有良好的散热条件，限制液压油的最高工作温度。

（5）定期检查和更换液压油 每隔一定时间，对系统中的液压油进行抽样检查、分析，如发现污染度超过标准，必须立即更换，更换液压油时也必须清洗整个系统。

【复习延伸】

（1）什么是液压油的黏性？液压油的黏性如何衡量？

（2）液压油的牌号有何意义？

（3）液压油污染来源有哪些？如何防止污染？

（4）如何选用液压油？

◀ 任务6 液压辅助元件 ▶

【任务导入】

液压辅助装置是液压传动系统不可缺少的组成部分，在液压传动系统中起辅助作用，它把组成液压传动系统的各种液压元件连接起来，并保证液压传动系统正常工作。液压辅助元件包括蓄能器、过滤器、油箱、油管、管接头、密封件、压力计、压力开关、热交换器等。

【任务分析】

实践证明，液压辅助元件虽起辅助作用，但它对液压传动系统工作性能的影响很大。设计、安装和使用时对辅助装置的疏忽大意，往往会造成液压传动系统不能正常工作。因此，对辅助装置的正确设计、选择和使用应给予足够的重视。除了油箱和蓄能器需根据机械装置和工作条件来进行必要的设计外，常用的辅助元件已标准化、系列化，选用时可按系统的最大压力和最大流量注意合理选用。本任务学习液压辅助元件的结构原理与应用。

【相关知识】

一、管路与管接头

1. 油管

液压传动系统中使用的油管，有钢管、铜管、尼龙管、塑料管、橡胶软管等多种类型，应根据液压元件的安装位置、使用环境和工作压力等进行选择。钢管能承受高压（32～

35 MPa),价格低廉、耐油、抗腐蚀、刚性好,但装配时不能任意弯曲,因而多用于中、高压系统的压力管道。一般中、高压系统用10号、15号冷拔无缝钢管,低压系统可用焊接钢管。

紫铜管装配时易弯曲成各种形状,但承压能力较低(一般不超过6.5～10 MPa)。铜是贵重材料,抗震能力较差,又易使油液氧化,应尽量少用。紫铜管一般只用于在液压装置内部配接不便之处。黄铜管可承受较高的压力(25 MPa),但不如紫钢管那样容易弯曲成形。

尼龙管是一种新型的乳白色半透明管,承压能力因材料而异(2.5～8 MPa),目前,大多在低压管道中使用。尼龙管加热到140 ℃左右后可随意弯曲和扩口,然后浸入冷水冷却定形,因而它有着广泛的使用前途。

耐油塑料管价格便宜,装配方便,但承压能力差,只适用于工作压力小于0.5 MPa的管道,如回油路、泄油路等处。塑料管长期使用后会变质老化。

橡胶软管用于两个相对运动件之间的连接,分为高压和低压两种。高压橡胶软管由夹有几层钢丝编织的耐油橡胶制成,钢丝层数越多耐压越高。低压橡胶软管由夹有帆布的耐油橡胶或聚氯乙烯制成,多用于低压回油管道。

2. 管接头

液压传动系统中,油液的泄漏多发生在管路的连接处,所以管接头的重要性不容忽视。管接头必须在强度足够的条件下能在震动、压力冲击下保持管路的密封性。在高压处不能向外泄漏,在有负压的吸油管路上不允许空气向内渗入。常用的管接头有以下几种。

1) 焊接式管接头

焊接式管接头如图2-16所示,这种管接头多用于钢管连接中。它连接牢固,利用球面进行密封,简单而可靠;缺点是装配时球形头与油管焊接,因而必须采用厚壁钢管。

2) 卡套式管接头

卡套式管接头如图2-17所示,这种管接头亦用在钢管连接中。它利用卡套卡住油管进行密封,轴向尺寸要求不严,装拆简便,不必事先焊接或扩口,但对油管的径向尺寸精度要求较高,一般用精度较高的冷拔钢管作油管。

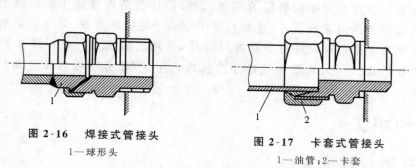

图 2-16　焊接式管接头
1—球形头

图 2-17　卡套式管接头
1—油管;2—卡套

3) 扩口式管接头

扩口式管接头如图2-18所示,这种管接头由接头体、管套和接头螺母组成。它只适用于薄壁铜管、工作压力不大于8 MPa的场合。拧紧接头螺母,通过管套就使带有扩口的管子压紧密封,适用于低压系统。

4)胶管接头

胶管接头分为可拆式和扣压式两种,各有三种形式。随管径不同可用于工作压力在 6～40 MPa 的液压传动系统中,图 2-19 所示为扣压式管接头,这种管接头的连接和密封部分与普通管接头的是相同的,只是要把接管加长,成为芯管,并和接头外套一起将软管夹住(需在专用设备上扣压而成),使管接头和胶管连成一体。

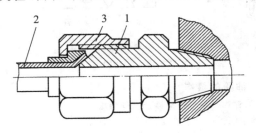

图 2-18 扩口式管接头

1—接头体;2—管套;3—接头螺母

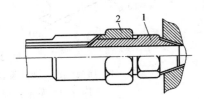

图 2-19 扣压式管接头

1—芯管;2—接头外套

5)快速接头

快速接头全称为快速装拆管接头,无须装拆工具,适用于经常装拆处。图 2-20 所示为快速接头油路接通的工作位置,需要断开油路时,可用力把外套向左推,再拉出接头体,钢球(有 6～12 颗)即从接头体槽中退出,与此同时,单向阀的锥形阀芯分别在弹簧的作用下将两个阀口关闭,油路即断开。这种管接头结构复杂,压力损失大。

6)伸缩管接头

伸缩管接头如图 2-21 所示,这种接头用于两个元件有相对直线运动要求时管道连接的场合。这种管接头的结构类似一个柱塞缸,在这里,移动管的外径必须精密加工,固定管的管口处则需加粗,并设置导向部分和密封装置。

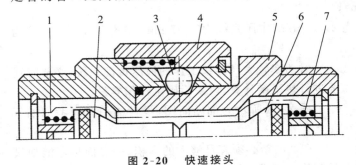

图 2-20 快速接头

1、7—弹簧;2、6—阀芯;3—钢球;4—外套;5—接头体

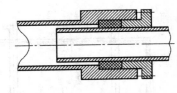

图 2-21 伸缩管接头

二、油箱

1. 油箱的功用与分类

油箱的基本功能是储存工作介质,散发系统工作中产生的热量,分离油液中混入的空气,沉淀污染物及杂质。油箱中安装有很多辅件,如冷却器、加热器、空气过滤器及液位计等。油箱的结构如图 2-22 所示。

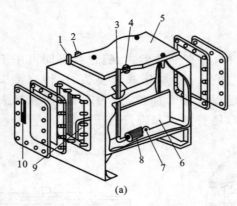

(a)   (b)

图 2-22   油箱的结构

1—回油管；2—泄油管；3—吸油管；4—空气过滤器；5—安装板；

6—隔板；7—放油口；8—吸油过滤器；9—清洗窗；10—液位计

按油面是否与大气相通,油箱可分为开式油箱与闭式油箱。开式油箱广泛用于一般的液压传动系统,闭式油箱则用于水下和高空无稳定气压的场合。开式油箱的液面与大气相通,在油箱盖上装有空气过滤器。开式油箱结构简单,安装维护方便,液压传动系统普遍采用这种形式。闭式油箱一般用于压力油箱,内充一定压力的惰性气体,充气压力可达 0.05 MPa。

按油箱的形状,油箱还可分为矩形油箱和圆罐形油箱。矩形油箱制造容易,箱上易于安放液压器件,所以被广泛采用。圆罐形油箱强度高,质量小,易于清扫,但制造较难,占地空间较大,在大型冶金设备中经常采用。

2. 油箱的设计要点

在初步设计时,油箱的有效容量可按下述经验公式确定

$$V = mq_p \tag{2-51}$$

式中：V —— 油箱的有效容量(L)；

q_p —— 液压泵的流量(L/min)；

m —— 系数(min)。低压系统为 $2 \sim 4$ min,中压系统为 $5 \sim 7$ min,中高压或高压系统为 $6 \sim 12$ min。

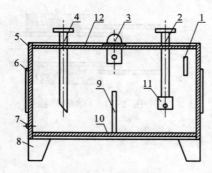

图 2-23   油箱简图

1—液位计；2—吸油管；3—空气过滤器；
4—回油管；5—侧板；6—人孔盖；
7—放油塞；8—地脚；9—隔板；
10—底板；11—吸油过滤器；12—盖板

对功率较大且连续工作的液压传动系统,必要时还要进行热平衡计算,以最后确定油箱容量。

图 2-23 所示为油箱简图,设计油箱时应考虑如下几点。

(1)油箱必须有足够大的容积。一方面尽可能地满足散热的要求,另一方面在液压传动系统停止工作时应能容纳系统中的所有工作介质,而工作时又能保持适当的液位。

(2)吸油管及回油管应插入最低液面以下,以防止吸空和回油飞溅产生气泡。管口与箱底、箱壁距离一般不小于管径的 3 倍。吸油管可安装 $100\ \mu m$ 左右的网式或线隙式过滤器,安装位置要便于装卸和清洗过滤器。回油管口要斜切 $45°$ 并面向箱壁,以防止回油冲击油箱

底部的沉积物,同时也有利于散热。

(3)吸油管和回油管之间的距离要尽可能地远些,它们之间应设置隔板,以加大液流循环的途径,这样能提高散热、分离空气及沉淀杂质的效果。隔板高度为液面高度的2/3～3/4。

(4)为了保持油液清洁,油箱应有周边密封的盖板,盖板上装有空气过滤器,注油及通气一般都由一个空气过滤器来完成。为便于放油和清理,箱底要有一定的斜度,并在最低处设置放油阀。对不易开盖的油箱,要设置清洗孔,以便于油箱内部的清理。

(5)油箱底部应距地面 150 mm 以上,以便于搬运、放油和散热。在油箱的适当位置要设吊耳,以便吊运,还要设置液位计,以监视液位。

(6)对油箱内表面的防腐处理要给予充分的注意。常用的方法如下。

① 酸洗后磷化。适用于所有介质,但受酸洗磷化槽限制,油箱不能太大。

② 喷丸后直接涂防锈油。适用于一般矿物油和合成液压油,不适合含水液压油。因不受处理条件限制,大型油箱较多采用此方法。

③ 喷砂后热喷涂氧化铝。适用于除水-乙二醇外的所有介质。

④ 喷砂后进行喷塑。适用于所有介质,但受烘干设备限制,油箱不能过大。

考虑油箱内表面的防腐处理时,不但要顾及与介质的相容性,还要考虑处理后的可加工性、制造到投入使用之间的时间间隔及经济性,条件允许时采用不锈钢制油箱无疑是最理想的选择。

三、过滤器

1. 过滤器的功用

过滤器能清除油液中的固体杂质,使油液保持清洁,延长液压元件使用寿命,保证系统工作可靠。

2. 过滤器的主要性能指标

1)过滤精度

过滤精度表示过滤器对各种不同尺寸污染颗粒的滤除能力。常用的评定指标为绝对过滤精度和过滤比。

(1)绝对过滤精度指能通过滤芯元件的坚硬球状颗粒的最大尺寸,它反映滤芯的最大通孔尺寸。它是选过滤器最重要的性能指标。

(2)过滤比(β_x)指过滤器上游油液中大于某尺寸 x 的颗粒数与下游油液中大于 x 的颗粒数之比。过滤比越大,过滤精度就越高。

2)压降特性

压降特性指油液通过过滤器滤芯时所产生的压力损失。过滤精度越高,压降就越大。

3)纳垢容量

纳垢容量指过滤器的压降达到规定值前,可以滤除或容纳的污染物数量。

3. 过滤器的主要类型

1)网式过滤器

图 2-24 所示为网式过滤器,它在周围开有很多窗孔的塑料或金属筒形骨架上包着一层

铜丝网。过滤精度由网孔大小和层数决定。网式过滤器结构简单,通流能力大,清洗方便,压降小(一般为 0.025 MPa),但过滤精度低,常用于泵入口处,用来滤去混入油液中较大颗粒的杂质,保护液压泵免遭损坏。

2) 线隙式过滤器

图 2-25 所示为线隙式过滤器,它用铜线或铝线密绕在筒形芯架的外部组成滤芯上,并装在壳体内(用于吸油管路上的过滤器则无壳体)。线隙式过滤器依靠铜(铝)丝间的微小间隙来滤除固体颗粒,油液经线间缝隙和芯架槽孔流入过滤器内,再从上部孔道流出。这种过滤器结构简单,通流能力大,不易清洗,过滤精度高于网式过滤器,一般用于低压回路或辅助回路。

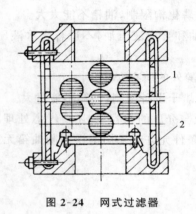 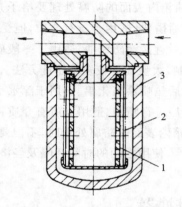

图 2-24　网式过滤器

1—筒形骨架;2—铜丝网

图 2-25　线隙式过滤器

1—芯架;2—滤芯;3—壳体

3) 纸芯式过滤器

如图 2-26 所示为纸芯式过滤器。纸芯式过滤器又称纸质过滤器,其结构类似于线隙式过滤器,只是滤芯为滤纸。油液经过滤芯时,通过滤纸的微孔滤去固体颗粒。为了增大滤芯强度,一般滤芯由三层组成:外层为粗眼钢板网,中层为折叠成 W 形的滤纸,里层由金属网与滤纸一并折叠而成。滤芯中央还装有支承弹簧。纸芯式过滤器过滤精度高,可在高压下工作,结构紧凑,质量小,通流能力大,但易堵塞,无法清洗,需经常更换滤芯,常用于过滤质量要求高的高压系统。

4) 烧结式过滤器

图 2-27 所示为烧结式过滤器,它选择不同粒度的粉末烧结成不同厚度的滤芯,以获得不同的过滤精度。油液从侧孔进入,依靠滤芯颗粒之间的微孔滤去油液中的杂质,再从中孔流出。烧结式过滤器的过滤精度较高,滤芯强度高,抗冲击性能好,能在高温下工作,有良好的抗腐蚀性,且制造简单,但易堵塞难清洗,使用过程中烧结颗粒可能会脱落,一般用于要求过滤精度较高的系统中。

5) 磁性过滤器

磁性过滤器利用磁铁吸附铁磁微粒,对其他污染物不起作用,故一般不单独使用。

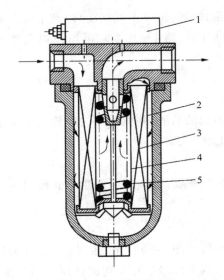

图 2-26 纸芯式过滤器

1— 污染指示器;2— 滤芯外层;3— 滤芯中层;

4— 滤芯里层;5— 支承弹簧

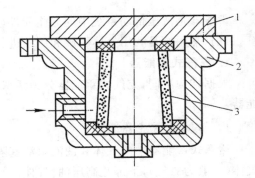

图 2-27 烧结式过滤器

1— 端盖;2— 壳体;3— 滤芯

4. 过滤器的图形符号

过滤器的图形符号如图 2-28 所示。

5. 过滤器的安装位置

(1) 安装在泵的吸油口 用来保护泵,使其不致吸入较大的机械杂质。根据泵的要求,可用粗的或普通精度的过滤器。为了不影响泵的吸油性能,防止发生气穴现象,过滤器的过滤能力应为泵流量的 2 倍以上,压力损失不得超过 0.01 ~ 0.035 MPa。

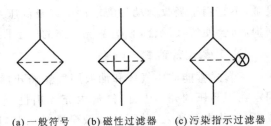

(a) 一般符号　(b) 磁性过滤器　(c) 污染指示过滤器

图 2-28 过滤器的图形符号

(2) 安装在泵的出口油路上 可保护系统中除泵和溢流阀外的所有元件。高压工作时,为保护溢流阀不过载,过滤器安装在溢流阀油路之后。这种安装主要用来滤除进入液压传动系统的污染杂质,一般采用过滤精度为 10 ~ 15 m 的过滤器。它应能承受油路上的工作压力和冲击压力,其压力降应小于 0.35 MPa,应有安全阀或堵塞状态信息装置,以防泵过载和滤芯损坏。

(3) 安装在系统的回油路上 可滤去油液流入油箱以前的污染物,为液压泵提供清洁的油液。因回油路压力很低,可采用滤芯强度不高的精过滤器,并允许过滤器有较大的压力降。

(4) 安装在系统的分支油路上 当泵的流量较大时,若仍采用上述过滤位置,过滤器规格可能过大。为此可在只有泵流量20% ~ 30% 的支路上安装一小规格过滤器,对油液起滤清作用。这种过滤方法在工作时,只有系统流量的一部分通过过滤器,因而其缺点是不能完全保证液压元件的安全。

(5) 安装在系统外的过滤回路上 大型液压传动系统可专设一液压泵和过滤器构成的滤油子系统,滤除油液中的杂质,以保护主系统。过滤车即是这种单独过滤系统。

安装过滤器时应注意,一般过滤器只能单向使用,即进、出口不可互换。以利于滤芯清洗和安全。因此,过滤器不要安装在液流方向可能变换的油路上。必要时可增设单向阀和过滤器。

四、蓄能器

蓄能器是液压传动系统中的储能元件,它储存多余的油液,并在需要时释放出来供给系统。目前,常用的是利用气体膨胀和压缩进行工作的充气式蓄能器。

1. 充气式蓄能器

根据结构不同,充气式蓄能器分为活塞式、气囊式、隔膜式三种。下面主要介绍前两种蓄能器。

1)活塞式蓄能器

活塞式蓄能器中的气体和油液由活塞隔开,其结构如图 2-29 所示。活塞 1 的上部为压缩气体(一般为氮气),下部是高压油。气体由阀 3 充入,其下部经油孔 4 通向液压传动系统,活塞上装有 O 形密封圈,活塞的凹部面向气体,以增加气体室的容积。活塞 1 随下部压力油的储存和释放而在缸筒 2 内来回滑动。这种蓄能器结构简单、使用寿命长,它主要用于大体积和大流量的系统中。但因活塞有一定的惯性和 O 形密封圈存在较大的摩擦力,所以反应不够灵敏,不宜用于吸收脉动和液压冲击以及低压系统。此外,活塞的密封问题不能解决,密封件磨损后,会使气液混合,影响系统工作的稳定性。

2)气囊式蓄能器

气囊式蓄能器中气体和油液用气囊隔开,其结构如图 2-30 所示。气囊用耐油橡胶制成,固定在耐高压的壳体上部,气囊内充入惰性气体,壳体下端的提升阀 4 由弹簧加菌形阀构成,压力油由此通入,并能在油液全部排出时,防止气囊膨胀挤出油口。这种结构使气、液密封可靠,并且因气囊惯性小而克服了活塞式蓄能器响应慢的弱点。因此,这种蓄能器油气完全隔离,气液密封可靠,气囊惯性小,反应灵敏,但工艺性较差。它的应用范围非常广泛,主要用于蓄能和吸收冲击液压传动系统中。

2. 蓄能器的功用

1)作辅助动力源

在间歇工作或实现周期性动作循环的液压传动系统中,蓄能器可以把液压泵输出的多余压力油储存起来。当系统需要时,由蓄能器释放出来。这样,可以减少液压泵的额定流量,从而减小电动机功率消耗,降低液压传动系统温升。

2)保压补漏

若液压缸需要在相当长的一段时间内保压而无动作,可用蓄能器保压并补充泄漏,这时可令泵卸荷。

3)作应急动力源

有些系统(如静压轴承供油系统),当泵出现故障或停电不能正常供油时,可能会发生事故,或有的系统要求在供油突然中断时,执行元件应继续完成必要的动作(如为了安全起见,液压缸活塞杆应缩回缸内)。因此,应在系统中增设蓄能器作应急动力源,以便在短时间内维持一定压力。

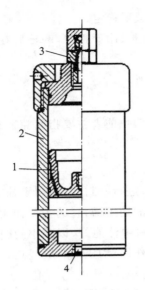

图 2-29　活塞式蓄能器

1—活塞;2—缸筒;3—阀;4—油孔

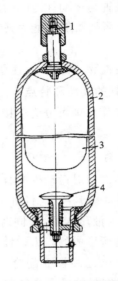

图 2-30　气囊式蓄能器

1—充气阀;2—壳体;3—气囊;4—提升阀

4）吸收系统脉动,缓和液压冲击

蓄能器能吸收系统压力突变时的冲击,如液压泵突然启动或停止、液压阀突然关闭或开启、液压缸突然运动或停止;也能吸收液压泵工作时的流量脉动所引起的压力脉动,相当于油路中的平滑滤波(在泵的出口处并联一个反应灵敏而惯性小的蓄能器)。

3. 蓄能器的安装

安装蓄能器时应考虑以下几点。

（1）气囊式蓄能器应垂直安装,油口向下。

（2）作为降低噪声、吸收脉动和液压冲击的蓄能器,应尽可能靠近振动源处。

（3）蓄能器与泵之间应安装单向阀,以免泵停止工作时,蓄能器储存的压力油倒流使泵反转。

（4）必须将蓄能器牢固地固定在托架或基础上。

（5）蓄能器必须安装于便于检查、维修的位置,并远离热源。

五、密封装置

密封是解决液压传动系统泄漏问题最重要、最有效的手段。液压传动系统如果密封不良,可能出现不允许的外泄漏,外漏的油液将会污染环境,就会使空气进入吸油腔,影响液压泵的工作;就会影响系统的性能和液压执行元件运动的平稳性(爬行),泄漏严重时,系统容积效率过低,甚至工作压力达不到要求值。若密封过度,虽可防止泄漏,但会造成密封部分的剧烈磨损,缩短密封件的使用寿命,增大液压元件内的运动摩擦阻力,降低系统的机械效率。因此,合理地选用和设计密封装置在液压传动系统的设计中是很重要的。

1. 对密封装置的要求

（1）在工作压力和一定的温度范围内,密封装置应具有良好的密封性能,并随着压力的增加能自动提高密封性能。

（2）密封装置与运动件之间的摩擦力要小，摩擦系数要稳定。

（3）密封装置要抗腐蚀能力强、不易老化、工作寿命长、耐磨性好，磨损后在一定程度上能自动补偿。

（4）密封装置要结构简单，使用、维护方便，价格低廉。

2. 密封装置的类型和特点

密封按其工作原理可分为非接触式密封和接触式密封。前者主要指间隙密封，后者指密封件密封。

1）间 隙 密 封

间隙密封是靠相对运动件配合面之间的微小间隙来进行密封的，常用于柱塞、活塞或阀的圆柱配合副中，一般在阀芯的外表面开有几条等距离的均压槽，它的主要作用是使径向压力分布均匀，减少液压卡紧力，同时使阀芯在孔中自动对中性能好，以减小间隙的方法来减少泄漏。同时，槽所形成的阻力，对减少泄漏也有一定的作用。均压槽一般宽 0.3 ～ 0.5 mm，深为 0.5 ～ 1.0 mm。圆柱面配合间隙与直径大小有关，对于阀芯与阀孔一般取 0.005 ～ 0.017 mm。这种密封的优点是摩擦力小，缺点是磨损后不能自动补偿，主要用于直径较小的圆柱面之间，如液压泵内的柱塞与缸体之间、滑阀的阀芯与阀孔之间的配合。

2）O 形 密 封 圈

O 形密封圈一般用耐油橡胶制成，其横截面呈圆形，内外侧和端面都能起密封作用，具有良好的密封性能。它结构紧凑，运动件的摩擦阻力小，制造容易，装拆方便，成本低，在液压传动系统中得到广泛的应用。

图 2-31 所示为 O 形密封圈的结构和工作情况简图。图 2-31（a）所示为其外形图，图 2-31（b）所示为装入密封沟槽的情况。O 形密封圈装配后，对于固定密封、往复运动密封和回转运动密封，压缩率应分别达到 15% ～ 20%、10% ～ 20% 和 5% ～ 10%，才能取得满意的密封效果。当油液工作压力超过 10 MPa 时，O 形密封圈在往复运动中容易被油液压力挤入间隙而提早损坏（见图 2-31（c）），为此，要在它的侧面安放 1.2 ～ 1.5 mm 厚的聚四氟乙烯挡圈，单向受力时在受力侧的对面安放一个挡圈（见图 2-31（d））；双向受力时则在两侧各放一个挡圈（见图 2-31（e））。

O 形密封圈的安装沟槽，除矩形外，还有 V 形、燕尾形、半圆形、三角形等，实际应用中可查阅有关手册及国家标准。

3）唇 形 密 封 圈

唇形密封圈根据截面的形状可分为 Y 形、V 形、U 形、L 形等，其工作原理如图 2-32 所示。液压力将密封圈的两唇边 h_1 压向形成间隙的两个零件的表面。这种密封作用的特点是能随着工作压力的变化自动调整密封性能，压力越高则唇边被压得越紧，密封性就越好；当压力降低时唇边压紧程度也随之降低，从而减少了摩擦阻力和功率消耗。此外，还能自动补偿唇边的磨损，保持密封性能不降低。

目前，液压缸中普遍使用如图 2-32 所示的所谓小 Y 形密封圈作为活塞和活塞杆的密封。图 2-33（a）所示为轴用密封圈，图 2-33（b）所示为孔用密封圈。这种小 Y 形密封圈的特点是断面宽度与高度的比值大，增加了底部支撑宽度。可以避免摩擦力造成的密封圈的翻转和扭曲。

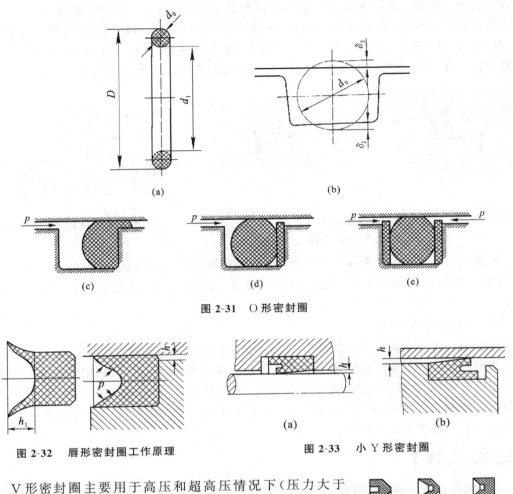

图 2-31 O 形密封圈

图 2-32 唇形密封圈工作原理

图 2-33 小 Y 形密封圈

V 形密封圈主要用于高压和超高压情况下(压力大于 25 MPa)。V 形密封圈的形状如图 2-34 所示,它由多层涂胶织物压制而成,通常由压环、密封环和支承环三个圈叠在一起使用,能保证良好的密封性。当压力更高时,可以增加中间密封环的数量,这种密封圈在安装时要预压紧,所以摩擦阻力较大。

唇形密封圈安装时应使其唇边开口处面对压力油,使两唇张开,分别贴紧在机件的表面上。

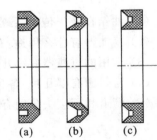

图 2-34 V 形密封圈

4) 组合式密封装置

随着液压技术的应用日益广泛,系统对密封的要求越来越高,普通的密封圈单独使用已不能很好地满足密封性能,特别是使用寿命和可靠性方面的要求,因此,出现了由两个以上元件(包括密封圈在内)组成的组合式密封装置。

图 2-35(a) 所示为由 O 形密封圈与截面为矩形的聚四氟乙烯塑料滑环组成的组合密封装置。其中,滑环紧贴密封面,O 形圈为滑环提供弹性预压力,在介质压力等于零时构成密封,由于密封间隙靠滑环,而不是 O 形圈,因此摩擦阻力小而且稳定,可以用于 40 MPa 的高压;往复运动密封时,速度可达 15 m/s;往复摆动与螺旋运动密封时,速度可达 5 m/s。矩形

滑环组合密封的缺点是抗侧倾能力稍差,在高低压交变的场合下工作容易漏油。

图2-35(b)所示为由滑环和O形圈组成的轴用组合密封,支持环与被密封件之间为线密封,其工作原理类似唇边密封。滑环采用一种经特别处理的化合物,具有极佳的耐磨性、低摩擦性和保形性,不存在橡胶密封低速时易产生的"爬行"现象。工作压力可达80 MPa。

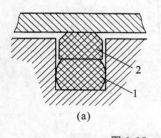 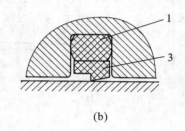 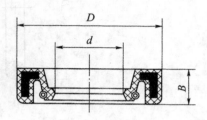

图 2-35　组合式密封装置
1—O形圈;2—滑环;3—被密封件

图 2-36　回转轴用密封圈

组合式密封装置由于充分发挥了橡胶密封圈和滑环(支承环)的长处,因此不仅工作可靠,摩擦力低而稳定,而且使用寿命比普通橡胶密封提高近百倍,因而在工程上的应用日益广泛。

5) 回转轴的密封装置

回转轴的密封装置形式很多,图2-36所示为一种由耐油橡胶制成的回转轴用密封圈,它的内部由直角形圆环铁骨架支承,密封圈的内边围着两条螺旋弹簧,其作用是把内边收紧在轴上来进行密封。这种密封圈主要用作液压泵、液压马达和回转式液压缸的伸出轴的密封,以防止油液漏到壳体外部,它的工作压力一般不超过0.1 MPa,最大允许线速度为4～8 m/s,须在有润滑情况下工作。

【复习延伸】

(1) 油箱在液压传动系统起什么作用?在其结构设计中应关注哪些问题?

(2) 蓄能器有什么用途?有哪些类型?蓄能器应用要点有哪些?

(3) 常用的过滤器有哪几类?过滤器安装在系统的什么位置上?它的安装特点是什么?

(4) 密封圈有哪几种?各种密封圈的特点是什么?应用场所有何不同?

(5) 管道和管接头分别有哪几类?各有什么作用?

项目 3
液压传动动力元件 —— 液压泵

◀ **知识目标**

    (1) 掌握液压泵的工作原理;

    (2) 熟悉常见的液压泵结构。

◀ **能力目标**

    (1) 掌握液压泵的工作原理;

    (2) 熟悉常见的液压泵结构;

    (3) 掌握常见的液压泵使用、维护方法。

◀ 任务1　认识液压泵 ▶

【任务导入】

液压泵是液压传动动力元件,液压泵是将机械能转换为油液压力能的动力装置,是液压传动系统的动力来源。

【任务分析】

液压泵多种多样,各类容积式液压泵的工作原理相通,都是输入转速与扭矩,输出压力与流量,可以通过分析具体泵的结构原理,把握泵的应用特点与场合。

【相关知识】

液压泵是液压传动系统中的动力装置。它由原动机(电动机或柴油机)驱动,把输入的机械能转换成油液的压力能再输出到系统中去,为执行元件提供动力。它是液压传动系统的核心元件,其性能好坏将直接影响系统能否正常工作。

一、液压泵的分类与特点

容积式液压泵的种类很多,按结构形式不同,可分为齿轮泵、叶片泵、柱塞泵、螺杆泵等;按压力的大小,液压泵又可分为低压泵、中压泵和高压泵;若按输出流量能否变化,则可分为定量泵和变量泵。

二、液压泵的基本工作原理

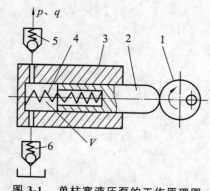

图3-1　单柱塞液压泵的工作原理图
1—偏心轮;2—柱塞;3—泵体;
4—弹簧;5、6—单向阀

图3-1所示为单柱塞液压泵的工作原理图。图中柱塞2装在泵体3中形成一个密封容积V,柱塞在弹簧4的作用下始终压紧在偏心轮1上。原动机驱动偏心轮1旋转,使柱塞2作往复运动,使密封容积V的大小随之发生周期性变化。当V由小变大时,腔内形成部分真空,油箱中的油液便在大气压强差的作用下,经油管顶开单向阀6进入V中实现吸油,此时单向阀5处于关闭状态;随着偏心轮的转动,V由大变小,其内油液压力则由小变大。当压力达到一定值时,便顶开单向阀5进入系统而实现压油(此时单向阀6关闭),这样液压泵就将原动机输入的机械能转换为液体的压力能。随着原动机驱动偏心轮不断地旋转,液压泵就不断地吸油和压油。由此可知,液压泵是通过密封容积的变化来完成吸油和压油的,其排量的大小取决于密封容积变化的大小,而与偏心轮转动的次数及油液压力的大小无关,故称为容积式液压泵。

为了保证液压泵的正常工作,对该系统有以下两点要求。

（1）系统应具有相应的配流机构，将吸、压油腔分开，保证液压泵有规律地吸、压油。图3-1中单向阀5和6使吸、压油腔不相通，起配油的作用，因而称为阀式配油。

（2）油箱必须与大气相通以保证液压泵吸油充分。

三、液压泵性能参数

液压泵的主要性能参数有压力、排量、流量、功率和效率。

1）压力

（1）工作压力 p　液压泵工作时实际输出油液的压力称为工作压力。其大小取决于外负载，与液压泵的流量无关，单位为 Pa 或 MPa。

（2）额定压力 p_n　液压泵在正常工作时，按试验标准规定连续运转的最高压力称为液压泵的额定压力。其大小受液压泵本身的泄漏和结构强度等限制，主要受泄漏的限制。

（3）最高允许压力 p_m　在超过额定压力的情况下，根据试验标准规定，允许液压泵短时运行的最高压力值称为液压泵的最高允许压力。泵在正常工作时，不允许长时间处于这种工作状态。

2）排量和流量

（1）排量 V　泵每转一周，其密封容积发生变化所排出液体的体积称为液压泵的排量。排量的单位为 m^3/r；排量的大小只与泵的密封腔几何尺寸有关，与泵的转速 n 无关。排量不变的液压泵为定量泵；反之，为变量泵。

（2）理论流量 q_t　泵在不考虑泄漏的情况下，单位时间内所排出液体的体积称为理论流量。当液压泵的排量为 V，其主轴转速为 n 时，则液压泵的理论流量 q_t 为

$$q_t = Vn \tag{3-1}$$

（3）实际流量 q　泵在某一工作压力下，单位时间内实际排出液体的体积称为实际流量。它等于理论流量 q_t 减去泄漏流量 Δq，即

$$q = q_t - \Delta q \tag{3-2}$$

其中，泵的泄漏流量与压力有关，压力越高，泄漏流量就越大，故实际流量随压力的增大而减小。

（4）额定流量 q_n　泵在正常工作条件下，按试验标准规定（在额定压力和额定转速下）必须保证的流量称为额定流量。

液压泵流量与压力的关系如图 3-2 所示。

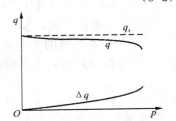

图 3-2　液压泵流量与压力的关系

3）功率和效率

（1）液压泵的功率　包括输入功率和输出功率。

① 输入功率 P_i 是指作用在液压泵主轴上的机械功率，它是以机械能的形式表现的。当输入转矩为 T_i，转速为 n 时，则有

$$P_i = T_i 2\pi n \tag{3-3}$$

② 输出功率 P 是指液压泵在实际工作中所建立起的压力和实际输出流量 q 的乘积，它是以液压能的形式表现的，即

$$P = pq \tag{3-4}$$

（2）液压泵的功率损失　包括容积损失和机械损失。

① 容积损失是指液压泵在流量上的损失。即液压泵的实际流量小于其理论流量。造成

损失的主要原因有,液压泵内部油液的泄漏、油液的压缩、吸油过程中油阻太大和油液黏度大以及液压泵转速过高等现象。

液压泵的容积损失通常用容积效率表示。它等于液压泵的实际输出流量 q 与理论流量 q_t 之比,即

$$\eta_V = \frac{q}{q_t} = \frac{q}{Vn} \tag{3-5}$$

则液压泵的实际流量 q 为

$$q = q_t \cdot \eta_V = Vn \cdot \eta_V \tag{3-6}$$

式(3-6)中,泄漏流量 Δq 与压力有关,随压力增高而增大,而容积效率随着液压泵工作压力的增大而减小,并随液压泵的结构类型不同而异,但恒小于1。

② 机械损失是指液压泵在转矩上的损失。即液压泵的实际输入转矩大于理论上所需要的转矩,主要是由于液压泵内相对运动部件之间的摩擦损失以及液体的黏性而引起的摩擦损失。液压泵的机械损失用机械效率 η_m 表示。

设液压泵的理论转矩为 T_t,实际输入转矩为 T_i,则液压泵的机械效率为

$$\eta_m = \frac{T_t}{T_i}$$

上式中,理论转矩可根据能量守恒原理得出,即液压泵的理论输出功率 pq_t 等于液压泵的理论输入功率 $T_t\omega$,有

$$T_t 2\pi n = pq_t = pVn$$

于是

$$T_t = \frac{pV}{2\pi}$$

则液压泵的机械效率为

$$\eta_m = \frac{pV}{T_i 2\pi} \tag{3-7}$$

式中:p——液压泵内的压力;

$\quad\quad V$——液压泵的排量;

$\quad\quad T_i$——液压泵的实际输入转矩。

③ 液压泵的总效率是指液压泵的输出功率 P 与输入功率 P_i 的比值,即

$$\eta = \frac{P}{P_i} = \frac{pq}{2\pi n T_i} = \frac{pV}{2\pi T_i} \cdot \frac{q}{Vn} = \eta_V \cdot \eta_m \tag{3-8}$$

由式(3-8)可知,液压泵的总效率等于泵的容积效率与机械效率的乘积。提高泵的容积效率或机械效率就可提高泵的总效率。

【复习延伸】

(1)简述容积式液压泵的基本工作原理。

(2)液压泵的理论流量和实际流量之间有什么关系?

(3)如何检测一个不带铭牌(具体参数未知)的液压泵的排量?

(4)液压泵工作要满足的必备条件是什么?

(5)某液压泵的输出压力为 $p = 10$ MPa,泵转速为 $n = 1\,450$ r/min,排量为 $V = 46.2$ mL/r,容积效率 $\eta_v = 0.95$,总效率 $\eta = 0.9$。求液压泵的输出功率和驱动泵的电动机功率。

（6）某液压泵的输入工作压力为 $p_i = 0.5$ MPa，输出压力为 $p = 10$ MPa，排量为 $V = 100$ mL/r，转速为 $n = 1\ 450$ r/min，容积效率 $\eta_v = 0.95$，机械效率 $\eta_m = 0.9$。试求：①液压泵的驱动力矩；②电动机的驱动功率。

◀ 任务 2　液压泵的工作原理 ▶

【任务导入】

分析液压泵的工作原理才可以准确地把握其功能，进而准确选用合理的液压泵。

【任务分析】

按结构形式不同，液压泵可分为齿轮泵、叶片泵、柱塞泵、螺杆泵等，本任务重点分析常用的齿轮泵、叶片泵和柱塞泵。

【相关知识】

一、齿轮泵的工作原理与工作特点

齿轮泵是一种常用的液压泵，它一般做成定量泵。按结构不同，齿轮泵分为外啮合齿轮泵和内啮合齿轮泵。外啮合齿轮泵结构简单、制造方便、价格低廉、体积小、质量小、自吸性能好、对油的污染不敏感、工作可靠、便于维护修理，因此应用广泛。下面着重介绍外啮合齿轮泵的工作原理、结构特点和使用维护方面的知识。

1. 齿轮泵的工作原理

1）外啮合齿轮泵的工作原理

（1）工作原理　如图 3-3 所示，在泵体内有一对齿数相同的外啮合齿轮，齿轮的两端有端盖盖住（图中未画出）。泵体、端盖和齿轮之间形成了密封工作腔，并由两个齿轮的齿面啮合线将它们分隔成吸油腔和压油腔。当齿轮按图示方向旋转时，右侧吸油腔内的轮齿相继脱开啮合，使密封容积增大，形成局部真空，油箱中的油在大气压力作用下进入吸油腔，并被旋转的轮齿带入右侧。左侧压油腔的轮齿则不断进入啮合，使密封容积减小，油液被挤出，从压油口压到系统中去。齿轮泵没有单独的配流装置，齿轮的啮合线起配流作用。

（2）排量和流量计算　外啮合齿轮泵的排量可认为等于两个齿轮的齿槽容积之和。假设齿槽容积等于轮齿体积，那么其排量就等于一个齿轮的齿槽容积和轮齿体积的总和。当齿轮的模数为 m、齿数为 z、节圆直径为 d、有效齿高为 h、齿宽为 B 时，排量为

$$V = \pi dhB = 2\pi z m^2 B \tag{3-9}$$

实际上，齿间槽容积比轮齿体积稍大一些，所以通常取 3.33 代替式中的 π 加以修正，则式（3-9）变为

$$V = 6.66 z m^2 B \tag{3-10}$$

齿轮泵的实际输出流量为

$$q = 6.66 z m^2 B n \eta_v \tag{3-11}$$

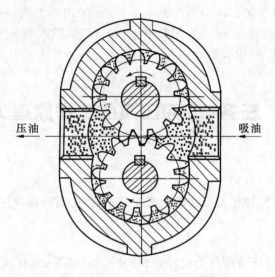

图 3-3　外啮合齿轮泵的工作原理

式(3-11)中的流量 q 是齿轮泵的平均流量。实际上,由于齿轮啮合过程中压油腔的容积变化率是不均匀的,因此齿轮泵的瞬时流量是脉动的。齿数越少,脉动越大。流量脉动引起压力脉动,随之产生振动与噪声,所以精度要求高的场合不宜采用齿轮泵。

2)内啮合齿轮泵的工作原理

内啮合齿轮泵有渐开线齿形和摆线齿形两种,其工作原理如图 3-4 所示。

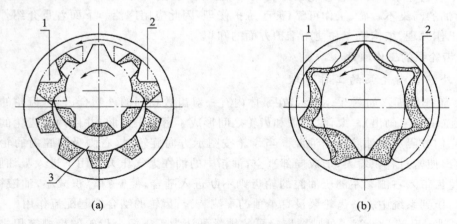

(a)　　　　　　　　　　　　　　　　(b)

图 3-4　内啮合齿轮泵的工作原理

1—吸油腔;2—压油腔

(1)渐开线齿形内啮合齿轮泵　该泵由小齿轮、内齿轮、月牙形隔板等组成。当小齿轮带动内齿轮旋转时,左半部齿退出啮合容积增大而吸油。进入齿槽的油被带到压油腔,右半部齿进入啮合容积减小而压油。月牙板在内齿轮和小齿轮之间,将吸油腔、压油腔隔开。

(2)摆线齿形内啮合齿轮泵　这种泵又称摆线转子泵,主要由一对内啮合的齿轮(即内、外转子)组成。外转子齿数比内转子齿数多一个,两个转子之间有一个偏心距。内转子带动外转子异速同向旋转时,所有内转子的齿都进入啮合,形成六个独立的密封腔。左半部齿退出啮合,泵容积增大而吸油;右半部齿进入啮合,泵容积减小而压油。

与外啮合齿轮泵相比,内啮合齿轮泵结构更紧凑、体积小、流量脉动小、运转平稳、噪声小。但内啮合齿轮泵齿形复杂,加工困难,价格较贵。

2. 外啮合齿轮泵的结构和使用

1)典型外啮合齿轮泵的结构

图 3-5 所示为 CB-B 型齿轮泵的结构,泵体 7 内有一对齿数相等又相互啮合的齿轮 6,分别用键固定在主动轴 12 和从动轴 15 上,两根轴依靠滚针轴承 3 支承在前端盖 8 和后端盖 4 中,前、后端盖与泵体用两个定位销 17 定位后,靠六个螺钉 9 固紧。泵体的两端面开有封油槽,此槽与吸油口相通,用来防止泵内油液从泵体与泵盖接合面外泄。在前、后端盖中的轴承处钻有油孔,使轴承处泄漏油液经短轴中心通孔及通道流回吸油腔。这种泵工作压力为 2.5 MPa,属于低压齿轮泵,主要用于负载小、功率小的液压设备上。

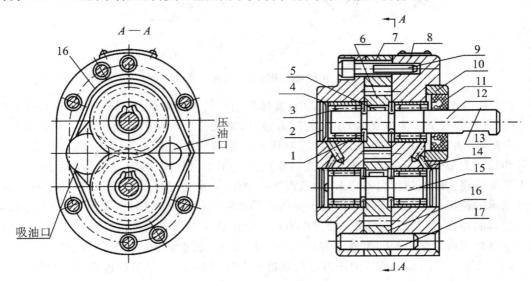

图 3-5 CB-B 型齿轮泵的结构

1—轴承外环;2—堵头;3—滚针轴承;4—后端盖;5、13—键;6—齿轮;7—泵体;8—前端盖;
9—螺钉;10—压盖;11—密封环;12—主动轴;14—泄漏通道;15—从动轴;16—卸荷槽;17—定位销

2)外啮合齿轮泵存在的几个问题

(1)困油 齿轮泵要平稳地工作,齿轮啮合的重合度必须大于 1,于是会有两对轮齿同时啮合。此时,就有一部分油液被围困在两对轮齿所形成的封闭腔之内,如图 3-6 所示。这个封闭腔容积先随齿轮转动逐渐减小(见图 3-6(a)、图 3-6(b)),以后又逐渐增大(见图 3-6(b)、图 3-6(c))。封闭容积减小会使被困油液受挤而产生高压,并从缝隙中流出,导致油液发热,轴承等机件也受到附加的不平衡负载作用。封闭容积增大又会造成局部真空,使溶于油中的气体分离出来,产生气穴,引起噪声,震动和气蚀,这就是齿轮泵的困油现象。

消除困油的方法,通常是在两侧端盖上开卸荷槽(见图 3-6(d)),使封闭容积减小时通过右边的卸荷槽与压油腔相通,封闭容积增大时通过左边的卸荷槽与吸油腔相通。显然两槽并不对称于中心线分布,而是偏向吸油腔,实践证明这样的布局,能将困油问题解决得更好。

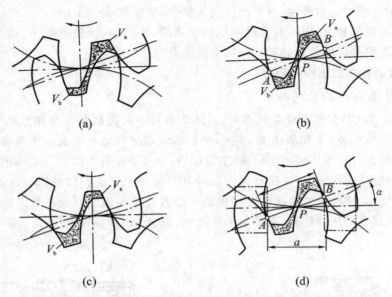

图 3-6   齿轮泵的困油现象及其消除方法

（2）径向作用力不平衡   在齿轮泵中，液体作用在齿轮外缘的压力是不均匀的，吸油腔的压力最低，一般低于大气压力，压油腔压力最高，也就是工作压力。由于齿顶与泵内表面有径向间隙，所以在齿轮外圆上从压油腔到吸油腔油液的压力是分级逐步降低的，这样，齿轮轴和轴承上都受到一个径向不平衡力的作用。工作压力越高，径向不平衡力也越大。径向不平衡力很大时能使齿轮轴弯曲，导致齿顶接触泵体，产生摩擦；同时也加速轴承的磨损，降低轴承的使用寿命。为了减小径向不平衡力的影响，有的泵（如 CB-B 型齿轮泵）上采取缩小压油口的办法，使压油腔的压力油仅作用在一个齿到两个齿的范围内；同时适当增大径向间隙（CB-B 型齿轮泵径向间隙增大为 0.13～0.16 mm），使齿顶不能与泵体接触。

（3）泄漏   齿轮泵压油腔的压力油可通过三条途径泄漏：一是通过齿轮啮合处的间隙；二是通过泵体内孔和齿顶圆间的径向间隙；三是通过齿轮两端面和端盖间的端面间隙。在这三类间隙中，以端面间隙的泄漏量最大，占总泄漏量的 75%～80%。泵的压力越高，间隙泄漏就越大，容积效率就越低。CB-B 型齿轮泵的齿轮和端盖间轴向间隙为 0.03～0.04 mm，由于采用分离三片式结构，轴向间隙容易控制，所以在额定压力下有较高的容积效率。

齿轮泵由于存在泄漏大和径向不平衡力的问题，因而限制了其压力的提高。为使齿轮泵能在高压下工作，常采取的措施为：减小径向不平衡力，提高轴与轴承的刚度，同时对泄漏量最大的端面间隙采用自动补偿装置等。如采用浮动套套的高压齿轮泵，其额定工作可达 10～16 MPa。

2）外啮合齿轮泵的使用

外啮合齿轮泵使用时应遵循以下要点。

（1）泵的传动轴与原动机输出轴之间的连接采用弹性联轴节时，其不同轴度不得大于 0.1 mm，采用轴套式联轴节的不同轴度不得大于 0.05 mm。

（2）泵的吸油高度不得大于 0.5 m。

（3）吸油口常用网式过滤器，滤网可采用 150 目。

（4）工作油液应严格按规定选用，一般常用运动黏度为 $25\sim54~\text{mm}^2/\text{s}$，工作油温范围为 $5\sim80~℃$。

（5）泵的旋转方向应按标记所指方向，不得搞错。

（6）拧紧泵的进、出油口管接头连接螺钉，以免吸空和漏油。

（7）应避免带载启动或停车。

（8）应严格按厂方使用说明书的要求进行泵的拆卸和装配。

二、叶片泵的工作原理与工作特点

叶片泵具有结构紧凑、外形尺寸小、工作压力高、流量脉动小、工作平稳、噪声较小、使用寿命较长等优点，但也存在着结构复杂、自吸能力差、对油污敏感等缺点，其在机床液压传动系统中和部分工程机械中应用很广。叶片泵按其工作时转子上所受的径向力可分为单作用叶片泵和双作用叶片泵。

1. 单作用叶片泵

1）结构与工作原理

图 3-7 所示为单作用叶片泵，它由定子、转子、叶片、配油盘（图中未画出）等组成。定子固定不动且具有圆柱形内表面，而转子沿轴线可左、右移动，定子和转子间有偏心距 e，且偏心距 e 的大小是可调的。叶片装在转子槽中，并可在槽内滑动，当转子旋转时，在离心力的作用下叶片紧压在定子内表面，这样在定子、转子、相邻两叶片间和两侧配油盘间形成一个个密封容积腔。当叶片转至上侧时，在离心力的作用下叶片逐渐伸出叶片槽，使密封容积逐渐增大，腔内压力减小，油液从吸油口被压入，此区为吸油腔。当叶片转至下侧时，叶片被定子内壁逐渐压进槽内，密封容积逐渐减小，腔内油液的压力逐渐增大，增大压力的油液从压油口压出，则此区为压油腔。吸油腔和压油腔之间有一段油区，当叶片转至此区时，既不吸油也不压油且此区将吸、压油腔分开，则称此区为封油区。叶片泵转子每转一周，每个密封容积腔将吸、压油各一次，故称为单作用叶片泵。又因这种泵的转子在工作时所受到的径向液压力不平衡，又称为非平衡式叶片泵。

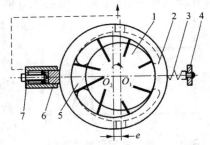

图 3-7 单作用叶片泵

1—转子；2—定子；3—限压弹簧；
4—限压螺钉；5—密封容积腔；
6—柱塞；7—螺钉

2）排量和流量

由叶片泵的工作原理可知，叶片泵每转一周所排出液体的体积即为排量。排量等于长短半径 $R-r$ 所扫过的环形体体积，即

$$V=\pi(R^2-r^2)B \tag{3-12}$$

若定子内径为 D、宽度为 B、定子与转子的偏心距为 e，则排量为

$$V=2\pi DeB \tag{3-13}$$

若泵的转速为 n、容积效率为 η_V，则泵的实际流量为

$$q=2\pi DeBn\eta_V \tag{3-14}$$

3）结构特点

（1）叶片采用后倾 $24°$ 安放，其目的是有利于叶片从槽中甩出。

（2）只要改变偏心距 e 的大小就可改变泵输出的流量。由式（3-13）和式（3-14）可知，叶片泵的排量 V 和流量 q 均与偏心距 e 成正比。

（3）转子上所受的不平衡径向液压力，随泵内压力的增大而增大，此力使泵轴产生一定弯曲，加重了转子对定子内表面的摩擦，所以不宜用于高压场合。

（4）单作用叶片泵的流量具有脉动性。泵内叶片数越多，流量脉动率越小，奇数叶片泵的脉动率比偶数叶片泵的脉动率小，所以单作用叶片泵的叶片数均为奇数，一般为 13 片或 15 片。

2. 限压式变量叶片泵

1）工作原理

限压式变量叶片泵是单作用叶片泵，其流量的改变是利用压力的反馈来实现的。它有内反馈和外反馈两种形式，其中外反馈限压式变量叶片泵是研究的重点。

外反馈限压式变量泵的工作原理。如图 3-7 所示，转子中心 O_1 固定不动，定子中心 O_2 沿轴线可左右移动。螺钉 7 调定后，定子在限压弹簧 3 的作用下，被推向最左端与柱塞 6 靠紧，使定子中心 O_2 与转子中心 O_1 之间有了初始的偏心距 e，e 的大小可决定泵的最大流量。通过螺钉 7 改变 e 的大小就可决定泵的最大流量。当具有一定压力 p 的压力油经一定的通道作用于柱塞 6 的定值面积 A 上时，柱塞对定子产生一个向右的作用力 pA，它与限压弹簧 3 的预紧力 kx（k 为弹簧的刚度系数，x 为弹簧的预压缩量）作用于一条直线上，且方向相反，具有压缩弹簧、减小初始偏心距 e 的作用。即当泵的出口压力 p 小于或等于泵的限定压力

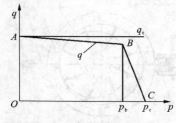

图 3-8 限压式变量叶片泵的
流量压力特性曲线

p_b（$p_b A = kx_0$）时，则有 $pA \leqslant kx_0$，定子不移动，初始偏心距 e 保持最大，泵的输出流量保持最大；随着外负载的增大，泵的出口压力逐渐增大，直到大于泵的限定压力 p_b 时，则有 $pA > kx_0$，限压弹簧被压缩，定子右移，偏心距 e 减小，泵的流量随之减小。若泵建立的工作压力越高（pA 值越大），而 e 越小，则泵的流量就越小。当泵的压力大到某一极限压力 p_c 时，限定弹簧被压缩到最短，定子移动到最右端位置，e 减到最小，泵的流量也达到了最小，此时的流量仅用于补偿泵的泄漏量。限压式变量叶片泵的流量压力特性曲线如图 3-8 所示。

2）排量和流量

限压式变量叶片泵的排量和流量可用下列近似公式计算：

$$V = 2\pi DeB$$
$$q = 2\pi DeBn\eta_V$$

式中：V——叶片泵的排量；

　　　q——叶片泵的流量；

　　　D——定子内圆直径；

　　　e——偏心距；

　　　B——定子的宽度；

　　　n——电动机的转速；

　　　η_V——叶片泵的容积效率。

3. 双作用叶片泵

1）结构和工作原理

双作用叶片泵的工作原理如图 3-9 所示，它由定子 1、转子 2、叶片 3、配油盘（图中未示）和泵体组成。转子与定子中心重合，定子内表面由两段长半径圆弧、两段短半径圆弧和四段过渡曲线组成，近似椭圆柱形。建压后，在离心力和作用在根部压力油的作用下，叶片从槽中伸出紧压在定子内表面。这样在两叶片之间、定子的内表面、转子的外表面和两侧配油盘间形成了一个个密封容积腔。当转子按图 3-9 所示方向旋转时，密封容积腔的容积在经过渡曲线运动到大圆弧的过程中，叶片外伸，密封容积腔的容积增大，形成部分真空而吸入油液；转子继续转动，密封容积腔的容积从大圆弧经过渡曲线运动到小圆弧时，叶片被定子内壁逐渐压入槽内，密封容积腔的容积减小，将压力油从压油口压出。在吸、压油区之间有一段封油区，将吸、压油腔分开。因此，转子每转一周，每个密封容积腔吸油和压油各两次，故称为双作用叶片泵。另外，这种叶片泵的两个吸油腔和两个压油腔是径向对称的，作用在转子上的径向液压力相互平衡，因此该泵又称为平衡式叶片泵。

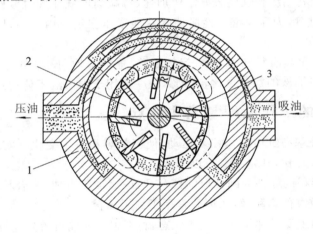

图 3-9　双作用叶片泵工作原理图
1—定子；2—转子；3—叶片

2）排量和流量

在不计叶片所占容积时，设定子曲线的长半径为 R、短半径为 r，叶片宽度为 b，转子转速为 n，则叶片泵的排量近似为

$$V = 2\pi b(R^2 - r^2) \tag{3-15}$$

叶片泵的实际流量为

$$q = 2\pi b(R^2 - r^2)n\eta_V \tag{3-16}$$

3）结构特点与应用

（1）双作用叶片泵叶片前倾 $10° \sim 14°$，其目的是减小压力角，减小叶片与槽之间的摩擦，以便利于叶片在槽内滑动。

（2）双作用叶片泵不能改变排量，只作定量泵用。

（3）为使径向力完全平衡，密封容积腔数（即叶片数）应当为双数。

（4）为保证叶片紧贴定子内表面，可靠密封，在配油盘（见图 3-10）对应于叶片根部处开

有一环形槽 c，槽内有两通孔 d 与压油孔道相通，从而引入压力油作用于叶片根部，f 为泄漏孔，将泵体内的泄漏油收集回吸油腔。

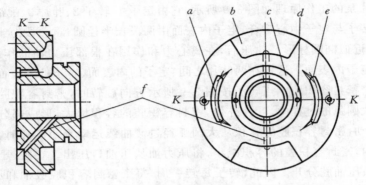

图 3-10　叶片泵的配油盘

（5）定子内曲线利用综合性能较好的等加速、等减速曲线作为过渡曲线，且过渡曲线与弧线交接处应圆滑过渡，为保证密封性应使叶片能紧压在定子内表面，以减少冲击、噪声和磨损。

（6）双作用叶片泵具有径向力平衡、运转平稳、输油量均匀和噪声小的特点。但它结构复杂、吸油特性差，对油液的污染也比较敏感，故一般用于中压液压传动系统中。

三、柱塞泵的工作原理与工作特点

柱塞泵是利用柱塞在缸体中作往复运动，使密封容积发生变化来实现吸油与压油的液压泵。与上述两种泵相比，柱塞泵具有以下优点。

（1）组成密封容积的零件为圆柱形的柱塞和缸孔，加工方便，配合精度高，密封性能好，在高压情况下仍有较高的容积效率，因此常用于高压场合。

（2）柱塞泵中的主要零件均处于受压状态，材料强度性能可得到充分发挥。

（3）柱塞泵结构紧凑、效率高，欲调节流量只需改变柱塞的工作行程就能实现。因此在需要高压、大流量、大功率的系统中和流量需要调节的场合中（如在龙门刨床、拉床、液压机、工程机械、矿山冶金机械、船舶上）得到广泛的应用。

由于单向柱塞泵只能断续供油，因此作为实用的柱塞泵，常用多个柱塞泵组合而成。按柱塞的排列和运动方向不同，柱塞泵可分为径向柱塞泵和轴向柱塞泵两大类。径向柱塞泵由于径向尺寸大、结构复杂、噪声大等缺点，逐渐被轴向柱塞泵所替代。

1. 工作原理

如图 3-11 所示为斜盘式轴向柱塞泵的工作原理图，它主要由斜盘 1、压盘 3、柱塞 5、缸体 7 和配油盘 10 等主要零件组成。工作原理：柱塞 5 平行于缸体轴心线，斜盘 1 和配油盘 10 固定不动，斜盘法线与缸体轴线间的交角为 γ，缸体由轴 9 带动旋转，缸体上均匀分布着若干个轴向柱塞孔，孔内装有柱塞 5，内套筒 4 在定心弹簧 6 的作用下，通过压盘 3 使柱塞头部的滑履 2 与斜盘 1 靠牢，同时外套筒 8 使缸体 7 和配油盘 10 紧密接触，起密封作用。当缸体按图 3-11 所示方向转动时，由于斜盘和压盘的作用，迫使柱塞在缸体内作往复运动，柱塞在转角 $0 \sim \pi$ 范围内逐渐向外伸出，柱塞底部缸孔的密封工作容积增大，通过配油盘的吸油窗口吸油；在 $\pi \sim 0$ 范围内，柱塞被斜盘逐渐推入缸体，使柱塞底部缸孔的容积减小，通过配油盘的压油窗口压油。缸体每转一周,每个柱塞各完成一次吸、压油。

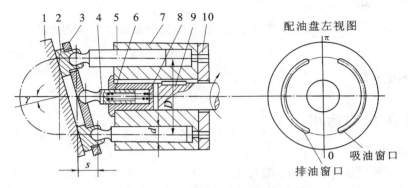

图 3-11　斜盘式轴向柱塞泵的工作原理图

1—斜盘;2—滑履;3—压盘;4—内套筒;5—柱塞;6—定心弹簧;
7—缸体;8—外套筒;9—轴;10—配油盘

2. 排量和流量计算

如图 3-11 所示,若柱塞个数为 z,柱塞的直径为 d,柱塞分布圆直径为 D,斜盘倾角为 γ,则每个柱塞的行程为 $L=D\tan\gamma$。z 个柱塞的排量为

$$V=\frac{\pi}{4}d^{2}Dz\tan\gamma \qquad (3\text{-}17)$$

若泵的转速为 n,容积效率为 η_{V},则泵的实际输出流量为

$$q=\frac{\pi}{4}d^{2}Dzn\eta_{V}\tan\gamma \qquad (3\text{-}18)$$

3. 柱塞泵的应用特点

(1) 改变斜盘倾角 γ 的大小,就能改变柱塞行程的长度,从而改变柱塞泵的排量和流量;改变斜盘倾角的方向,就能改变吸油和压油的方向,使其成为双向变量泵。

(2) 柱塞泵的柱塞数一般为奇数,且随着柱塞数的增多,流量的脉动性也相应减小,因而一般柱塞泵的柱塞数为单数 7 或 9。

【复习延伸】

(1) 简述齿轮泵、叶片泵、轴向柱塞泵的工作原理,比较其异同。

(2) 分析各种泵的排量计算公式,比较流量的脉动率差别和流量可调性。

(3) 简述齿轮泵的典型结构问题及其解决方法。

(4) 分析比较齿轮泵、叶片泵、轴向柱塞泵的工作性能。

◀ 任务 3　液压泵的使用 ▶

【任务导入】

通过学习具体液压泵的工作原理,了解其性能特点,准确把握液压泵的选用方法。

【任务分析】

通过对液压泵的噪声分析,工作性能比较,准确把握液压泵的选用方法。

【相关知识】

一、液压泵的选用

1. 液压泵的噪声

噪声对人们的健康十分有害,随着工业生产的发展,工业噪声对人们的影响越来越严重,已引起人们的关注。目前液压技术正向着高压、大流量和大功率的方向发展,产生的噪声也随之增加,而在液压传动系统中,液压泵的噪声占有很大的比重。因此,研究减小液压传动系统的噪声,特别是液压泵的噪声,已引起液压界广大工程技术人员、专家学者的重视。

液压泵的噪声大小与液压泵的种类、结构、转速以及工作压力等很多因素有关。

1) 产生噪声的原因

(1) 液压泵的流量脉动和压力脉动会造成泵构件的振动,这种振动有时还可产生谐振。谐振频率可以是流量脉动频率的2倍、3倍或更大。泵的基本频率及其谐振频率若与机械的或液压的自然频率相一致,则噪声会大大增加。研究结果表明,转速增加对噪声的影响一般比压力增加还要大。

(2) 液压泵的工作腔从吸油腔突然与压油腔相通,或从压油腔突然与吸油腔相通时,产生的油液流量和压力会突变,从而产生噪声。

(3) 空穴现象。当液压泵吸油腔中的压力小于油液所在温度下的空气分离压时,溶解在油液中的空气会析出而变成气泡,这种带有气泡的油液进入高压腔时,气泡被击破,形成局部的高频压力冲击,从而引起噪声。

(4) 液压泵内流道的截面突然扩大和收缩,或有急拐弯,通道截面过小而导致发生液体湍流、漩涡及喷流,使噪声加大。

(5) 由于机械原因,如转动部分不平衡、轴承接触不良、泵轴的弯曲等机械振动会引起机械噪声。

2) 降低噪声的措施

(1) 减少和消除液压泵内部油液压力的急剧变化。

(2) 可在液压泵的出口安装消声器,吸收液压泵的流量及压力脉动。

(3) 当液压泵安装在油箱上时,使用橡胶垫减振。

(4) 压油管的一段用高压软管,对液压泵和管路的连接进行隔振。

(5) 采用直径较大的吸油管,减小管道局部阻力,防止液压泵产生空穴现象;采用大容量的吸油过滤器,防止油液中混入空气;合理设计液压泵,提高零件刚度。

2. 液压泵的选用

液压泵是每个液压传动系统不可缺少的核心元件,合理选择液压泵对于降低液压传动系统的能耗、提高系统的效率、降低噪声、改善工作性能和保证系统的可靠工作都十分重要。

选择液压泵的原则是:根据主机工况、功率大小和系统对工作性能的要求,首先确定液压泵的类型,然后按系统所要求的压力、流量大小确定其规格型号。表 3-1 列出了液压传动系统中常用液压泵的主要性能。

表 3-1　液压传动系统中常用液压泵的性能

性　能	外啮合齿轮泵	双作用叶片泵	限压式变量叶片泵	径向柱塞泵	轴向柱塞泵	螺杆泵
输出压力	低压	中压	中压	高压	高压	低压
流量调节	不能	不能	能	能	能	不能
效率	低	较高	较高	高	高	较高
输出流量脉动	很大	很小	一般	一般	一般	最小
自吸特性	好	较差	较差	差	差	好
对油的污染敏感性	不敏感	较敏感	较敏感	很敏感	很敏感	不敏感
噪声	大	小	较大	大	大	最小

　　一般来说,由于各类液压泵各自突出的特点,其结构、功用和运转方式各不相同,因此应根据不同的使用场合选择合适的液压泵。一般在机床液压传动系统中,往往选用双作用叶片泵和限压式变量叶片泵;而在筑路机械、港口机械以及小型工程机械中,往往选择抗污染能力较强的齿轮泵;在负载大、功率大的场合往往选择柱塞泵。

二、液压泵的使用与维护

1. 液压泵的合理使用

1) 叶片泵的合理使用

　　一般叶片泵的额定压力为 6~16 MPa,高水平的达 21 MPa 以上。叶片泵的流量脉动小,噪声较低,大多数用在固定设备上,如机床、组合机床、部分塑料注射机和自制设备。当系统需要流量变化时,最好采用双联泵或变量泵。例如,机床的进给机构,当快进时,需要流量大,当工作进给时,需要流量小,二者相差几十倍甚至更多。为了满足快进时液压缸需要的流量,要选用流量较大的泵,但到工作进给时,液压缸需要的流量很小,而绝大部分油要经过溢流阀在高压下溢流。这样不但消耗功率,而且还会产生系统发热的后果。为了解决这个问题,可以选用变量叶片泵。当快进时,压力低,泵排量(流量)最大;当工进时,系统压力升高,泵自动使排量减小,基本上没有油从溢流阀中溢出。也可以采用双联叶片泵,快进低压时,大、小两个泵一起向系统供油;工进高压时,小泵供油,大泵经卸荷阀卸荷。

2) 齿轮泵的合理使用

　　一般所说的齿轮泵是指外啮合齿轮泵,国产齿轮泵额定压力为 10~20 MPa。齿轮泵自吸性能最好,耐污染性强,结构简单,价格便宜,缺点是不能变量。但能制成三联、四联式实现分级变量,而且可以制成派生产品,如齿轮式分流器,实现数缸同步。

　　目前,齿轮泵大多用在移动式设备上,如拖拉机、推土机、叉车、自卸车、装载机等。齿轮泵是一种非常通用的泵,除了用在移动式设备上以外,自然也可用在工作压力不太高的固定设备上,如简易小型油压机、液压千斤顶,以及一些自制简易的液压设备。

3) 轴向柱塞泵的合理使用

　　这里所说的轴向柱塞泵是指端面配流式的轴向柱塞泵(不包括阀式配流的)。常见的有三种形式，即一种斜轴式和两种斜盘式（通轴式和非通轴式），近年来发展最快的是通轴式。柱塞泵可以实现较高的压力，工程机械应用较多。各种轴向柱塞泵的泵体上都有泄油口，一般是两个。用于开式系统时，只用位置较高的一个泄油口，用油管直接通到油箱。这个油管不应插到液面以下，应经过一个带磁性块的滤网接到油面上边。泵开始运转阶段要经常检查这个过滤器，可能出现一些铁粉末、铜粉末之类污物，这是因为泵体和其他零件没清洗干净。如果继续发展，或者使用一段时间以后，忽然又出现这种情况，则表示泵出了问题，须立即检查处理。用于闭式系统时，两个泄油口都要使用。把低压油从底下一个泄油口引入泵体内，把泵体的热油从上边一个油口流回油箱，这样可以帮助系统放热。

柱塞泵启动前必须通过泵壳上的泄油口向泵内灌满清洁的液压油。

2. 液压泵使用注意事项

（1）液压泵启动时应先点动数次，待油液流动方向和声音都正常后，再低压下运转 5～10 min，然后正常运行。

（2）液压油的黏度受油温影响而变化，因此要求温度保持在 60 ℃ 以下。为了使液压泵在不同的油温下稳定工作，所选油液的温度特性要好，也就是说黏度受温度变化影响小。推荐使用 L-HM32 或 L-HM46 抗磨液压油。

（3）液压油必须清洁，不得混有固体杂质和腐蚀物质。若吸油管路上无过滤装置的液压传动系统，必须经滤油车加油至油箱。

（4）应避免液压泵在最高压力和最高转速下长时间使用，否则会缩短泵的寿命。

（5）液压泵正常工作油温为 15～65 ℃，泵壳上的最高温度一般比油箱内的泵入口处油温高 10～20 ℃。当油箱内油温达到 65 ℃ 时，泵壳上最高温度不得超过 75～85 ℃。

【复习延伸】

（1）简述液压泵噪声产生原因与防范措施。

（2）比较齿轮泵、叶片泵、柱塞泵的各种性能。

（3）简述液压泵的使用注意事项。

项目 4
液压传动执行元件

◀ **知识目标**

(1)掌握液压缸的工作原理和参数;

(2)熟悉常见液压缸的结构;

(3)掌握液压马达的工作原理。

◀ **能力目标**

(1)掌握液压缸的工作原理和参数;

(2)熟悉常见液压缸的结构;

(3)掌握液压马达的工作原理;

(4)掌握液压传动执行元件使用维护方法。

◀ 任务 1　液　压　缸 ▶

【任务导入】

液压执行元件有液压缸和液压马达。液压缸是应用非常广泛的液压执行元件，本任务重点学习各类液压缸。

【任务分析】

液压缸的种类繁多，应用广泛，本任务重点讨论几种常用液压缸的结构、原理、参数计算和具体应用。

【相关知识】

一、液压缸的类型和主要参数

1. 液压缸的类型

液压缸是将液体的压力能转换成机械能，用于驱动工作机构作直线往复运动或往复摆动的液压执行元件。其结构简单、工作可靠，与杠杆、连杆、齿轮齿条、棘轮棘爪、凸轮等机构配合能实现多种机械运动，在各种机械的液压传动系统中得到广泛的应用。

液压缸的类型较多，按用途可分为两大类，即普通液压缸和特殊液压缸。其中普通液压缸按结构的不同可分为单作用式液压缸和双作用式液压缸。单作用式液压缸在液压力的作用下只能沿一个方向运动，其反向运动需要靠重力或弹簧力等外力来实现；双作用式液压缸靠液压力可实现正、反两个方向的运动。单作用式液压缸包括活塞式和柱塞式两大类，其中活塞式液压缸应用最广；双作用式液压缸包括单活塞杆液压缸和双活塞杆液压缸两大类。特殊液压缸包括伸缩套筒式、串联液压缸、增压缸、回转液压缸和齿条液压缸等几大类。

2. 液压缸的主要参数

1) 液压缸的压力

(1) 工作压力 p　油液作用在活塞单位面积上的法向力，即

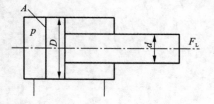

$$p = \frac{F_L}{A} \tag{4-1}$$

式中：F_L——活塞杆承受的总负载；

$\quad\quad A$——活塞的有效工作面积。

液压缸的压力示意图如图 4-1 所示。

图 4-1　液压缸的压力示意图

式(4-1)表明，液压缸的工作压力是由于负载的存在而产生的，负载越大，液压缸的压力也越大。

(2) 额定压力 p_n　也称为公称压力，是液压缸能用以长期工作的最高压力。表 4-1 所示为国家标准规定的液压缸公称压力系列。

表 4-1 液压缸公称压力系列 单位:MPa

0.63	1	1.6	2.5	4	6.3	10	16	20	25	31.5	40

（3）最高允许压力 p_{max} 也称试验压力,是液压缸在瞬间能承受的极限压力,通常为

$$p_{max} \leqslant 1.5 p_n \tag{4-2}$$

2）液压缸的输出力

液压缸的理论输出力 F 等于油液的压力和工作腔有效面积的乘积,即

$$F = pA \tag{4-3}$$

图 4-1 所示的液压缸为单活塞杆形式,因此两腔的有效面积不同,所以在相同压力条件下液压缸往复运动的输出力也不同。由于液压缸内部存在密封圈阻力、回油阻力等,故液压缸的实际输出力小于理论作用力。

3）液压缸的输出速度

（1）液压缸的输出速度 输入液压缸工作腔的流量与液压缸工作腔的有效面积之比,即

$$v = \frac{q}{A} \tag{4-4}$$

式中：v——液压缸的输出速度;

A——液压缸工作腔的有效面积;

q——输入液压缸工作腔的流量。

（2）速比 同样对图 4-1 所示的单活塞杆液压缸,由于两腔有效面积不同,液压缸在活塞前进时的输出速度 v_1 与活塞后退时的输出速度 v_2 也不相同,通常将液压缸往复运动输出速度之比称为速比 λ_v,所以

$$\lambda_v = \frac{v_2}{v_1} = \frac{A_1}{A_2} \tag{4-5}$$

式中：v_1——活塞前进速度;

v_2——活塞退回速度;

A_1——活塞无杆腔有效面积;

A_2——活塞有杆腔有效面积。

速比不宜过小,以免造成活塞杆过细,稳定性不好,其值如表 4-2 所示。

表 4-2 液压缸速比推荐值

工作压力 p/MPa	$\leqslant 10$	1.25～20	>20
速比 λ_v	1.33	1.46;2	2

4）液压缸的功率

（1）输出功率 P_o 液压缸的输出为机械能,输出功率的单位为 W,它等于作用在活塞杆上的外负载与活塞的平均运动速度的乘积,即

$$P_o = Fv \tag{4-6}$$

式中：F——作用在活塞杆上的外负载;

v——活塞的平均运动速度。

（2）输入功率 P_i　液压缸的输入为液压能,输入功率的单位为 W,它等于液压缸的工作压力与液压缸的输入流量的乘积,即

$$P_i = pq \tag{4-7}$$

式中:p——液压缸的工作压力;

　　q——液压缸的输入流量。

由于液压缸内存在能量损失(摩擦和泄漏),因此,液压缸的输出功率小于输入功率。

二、活塞式液压缸的工作原理与应用

活塞式液压缸可分为双杆活塞式和单杆活塞式两种类型。

1. 双杆活塞式液压缸

1）工作原理

图 4-2 所示为双杆活塞式液压缸的工作原理,活塞两侧均装有活塞杆。图 4-2(a)所示为缸体固定式结构,缸的左腔进油,右腔回油,则活塞向右移动;反之,活塞向左移动。图 4-2(b)所示为活塞杆固定式结构,缸的左腔进油,右腔回油,油液推动缸体向左移动;反之,缸体向右移动。当两活塞杆直径相同(即有效工作面积相等)、供油压力和流量不变时,活塞(或缸体)在两个方向的推力 F 和运动速度 v 也都相等,即

$$F = (p_1 - p_2)A = \frac{\pi}{4}(D^2 - d^2)(p_1 - p_2) \tag{4-8}$$

$$v = \frac{q}{A} = \frac{4q}{\pi(D^2 - d^2)} \tag{4-9}$$

式中:A——活塞的有效作用面积;

　　p_1——液压缸的进油压力;

　　p_2——液压缸的回油压力;

　　q——液压缸的输入流量;

　　D——缸体内径;

　　d——活塞杆直径。

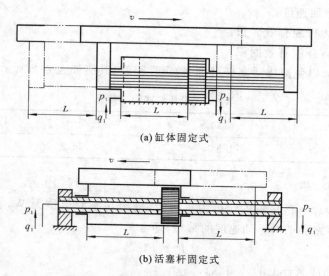

(a)缸体固定式

(b)活塞杆固定式

图 4-2　双杆活塞式液压缸的工作原理

2）特点和应用

当双杆活塞式液压缸的两活塞杆直径相同、缸两腔的供油压力和流量都相等时，活塞（或缸体）两个方向的推力和运动速度也都相等，其适用于要求往复运动速度和输出力相同的工况，如磨床液压传动系统。图 4-2(a)所示为缸体固定式结构，其工作台的运动范围约等于活塞有效行程的 3 倍，一般用于中小型设备；图 4-2(b)所示为活塞杆固定式结构，其工作台的运动范围约等于缸体有效行程的 2 倍，常用于大中型设备中。

2. 单杆活塞式液压缸

1）工作原理

图 4-3 所示为双作用单杆活塞式液压缸的工作原理。它只在活塞的一侧装有活塞杆，因而两腔有效工作面积不同。当向缸的两腔分别供油，且供油压力和流量不变时，活塞在两个方向的运动速度和输出推力皆不相等。

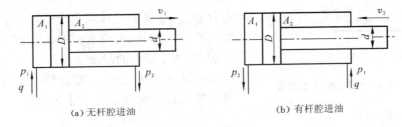

(a) 无杆腔进油   (b) 有杆腔进油

图 4-3 双作用单杆活塞式液压缸的工作原理

无杆腔进油时（见图 4-3(a)），活塞的推力 F_1 和运动速度 v_1 分别为

$$F_1 = p_1 A_1 - p_2 A_2 = \frac{\pi}{4} D^2 (p_1 - p_2) + \frac{\pi}{4} d^2 p_2 \tag{4-10}$$

$$v_1 = \frac{q}{A_1} = \frac{4q}{\pi D^2} \tag{4-11}$$

有杆腔进油时（见图 4-3(b)），活塞的推力 F_2 和运动速度 v_2 处分别为

$$F_2 = p_1 A_2 - p_2 A_1 = \frac{\pi}{4} D^2 (p_1 - p_2) - \frac{\pi}{4} d^2 p_1 \tag{4-12}$$

$$v_2 = \frac{q}{A_2} = \frac{4q}{\pi (D^2 - d^2)} \tag{4-13}$$

式中：q——液压缸的输入流量；

p_1——液压缸的进油压力；

p_2——液压缸的回油压力；

D——活塞直径（即缸体内径）；

d——活塞杆直径；

A_1——无杆腔的活塞有效工作面积；

A_2——有杆腔的活塞有效工作面积。

由式（4-11）和式（4-13）得，液压缸往复运动时的速比为

$$\lambda_v = \frac{v_2}{v_1} = \frac{D^2}{D^2 - d^2} \tag{4-14}$$

上式表明，当活塞杆直径越小时，速比 λ_v 越接近于 1，两个方向的速度差值越小。

2）特点和应用

比较式(4-10)～式(4-13)，由于 $A_1 > A_2$，故 $F_1 > F_2$，$v_1 < v_2$。即活塞杆伸出时，推力较大，速度较小；活塞杆缩回时，推力较小，速度较大。因而它适用于伸出时承受工作载荷、缩回时为空载或轻载的场合。例如，各种金属切削机床、压力机等的液压传动系统。

单杆活塞式液压缸可以缸筒固定，活塞移动；也可以活塞杆固定，缸筒运动。但其工作台往复运动范围都约为活塞（或缸筒）有效行程的 2 倍，结构比较紧凑。

3. 液压缸的差动连接

单杆活塞式液压缸的两腔同时通入压力油的油路连接方式称为差动连接，作差动连接的单杆活塞式液压缸称为差动液压缸，其工作原理如图 4-4 所示。在忽略两腔连通油路压力损失的情况下，两腔的油液压力相等。但由于无杆腔受力面积大于有杆腔，活塞向右的作用力大于向左的作用力，活塞杆作伸出运动，并将有杆腔的油液挤出，流进无杆腔，加快了活塞的运动速度。

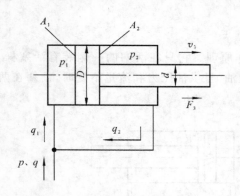

图 4-4　差动液压缸的工作原理

若活塞的速度为 v_3，则无杆腔进油量为 $v_3 A_1$，有杆腔的排油量为 $v_3 A_2$，因而有 $v_3 A_1 = q + v_3 A_2$，故活塞杆的伸出速度 v_3 为

$$v_3 = \frac{q}{A_1 - A_2} = \frac{4q}{\pi d^2} \tag{4-15}$$

差动连接时，$p_2 \approx p_1$，活塞的推力 F_3 为

$$F_3 = p_1 A_1 - p_2 A_2 \approx \frac{\pi}{4} D^2 p_1 - \frac{\pi}{4}(D^2 - d^2) p_1 = \frac{\pi}{4} d^2 p_1 \tag{4-16}$$

由式(4-15)和式(4-16)可知，差动连接时实际起有效作用的面积是活塞杆的横截面积。由于活塞杆的截面积总是小于活塞的面积，因而与非差动连接无杆腔进油工况相比，在输入油液压力和流量相同的条件下，活塞运动速度较大而推力较小。因此，这种方式广泛用于组合机床的液压动力滑台和其他机械设备的快速运动中。

如果要使活塞往返运动速度相等，即 $v_2 = v_3$，则经推导可得，D 与 d 必存在 $D = \sqrt{2}d$ 的比例关系。

三、柱塞式液压缸的工作原理与应用场合

柱塞式液压缸是一种单作用液压缸，其工作原理如图 4-5(a)所示，柱塞与工作部件连接，缸筒固定在机体上。当压力油进入缸筒时，推动柱塞带动运动部件向右运动，但反向退回时必须靠其他外力或自重驱动。柱塞式液压缸通常成对反向布置作用，如图 4-5(b)所示。当柱塞的直径为 d，输入液压油的流量为 q，压力为 p 时，其柱塞上所产生的推力 F 和速度 v 分别为

$$F = pA = p\frac{\pi}{4} d^2 \tag{4-17}$$

$$v = \frac{q}{A} = \frac{4q}{\pi d^2} \tag{4-18}$$

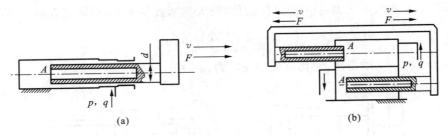

图 4-5 柱塞式液压缸的工作原理

柱塞式液压缸的主要特点是:柱塞与缸筒无配合要求,缸筒内孔不需精加工,甚至可以不加工。运动时由缸盖上的导向套来导向,所以它特别适用在行程较长的场合。

四、其他类型液压缸

1. 摆动式液压缸

摆动式液压缸也称摆动液压马达。当它通入压力油时,它的主轴能呈现小于 360° 的摆动角度,常用于工夹具夹紧装置、送料装置、转位装置,以及需要周期性进给的系统中,图 4-6(a)所示为单叶片摆动式液压缸,它的摆动角度较大,可达 300°。当其进出油口压力为 p_1 和 p_2,输入流量为 q 时,它的输出转矩 T 和角速度 ω 为

$$T = b\int_{R_1}^{R_2} (p_1 - p_2)r\mathrm{d}r = \frac{b}{2}(R_2^2 - R_1^2)(p_1 - p_2) \tag{4-19}$$

$$\omega = 2\pi n = \frac{2q}{b(R_2^2 - R_1^2)} \tag{4-20}$$

式中:b——叶片的宽度;

R_1、R_2——叶片底部、顶部的回转半径。

图 4-6(b)所示为双叶片摆动式液压缸的工作原理,它的摆动角度较小,可达 150°,它的输出转矩是单叶片式的 2 倍,而角速度则是单叶片式的一半。

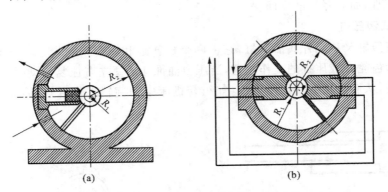

图 4-6 双叶片摆动式液压缸的工作原理

2. 增压式液压缸

增压式液压缸又称增压器,在某些短时或局部需要高压液体的液压传动系统中,常用增压式液压缸与低压大流量泵配合作用。增压式液压缸的工作原理如图 4-7 所示,它有单作用和双作用两种形式。当低压为 p_1 的油液推动增压式液压缸的大活塞时,大活塞推动与其

连成一体的小活塞输出压力为 p_2 的高压液体,当大活塞直径为 D,小活塞直径为 d 时,有

$$p_2 = p_1 \left(\frac{D}{d}\right)^2 = K p_1 \qquad (4\text{-}21)$$

式中:$K = D^2/d^2$ ——增压比,它代表其增压能力。

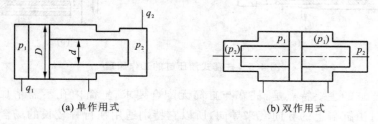

(a) 单作用式   (b) 双作用式

图 4-7　增压式液压缸的工作原理

显然增压能力是在降低有效流量的基础上得到的,也就是说,增压式液压缸仅仅是增大输出的压力,并不能增大输出的能量。

单作用增压式液压缸在小活塞运动到终点时,不能再输出高压液体,需要将活塞退回到左端位置,再向右行时才又输出高压液体,即只能在一次行程中输出高压液体,为了克服这一缺点,可采用双作用增压式液压缸,由两个高压端连续向系统供油。

3. 伸缩式液压缸

伸缩式液压缸由两个或多个活塞式液压缸套装而成,前一级活塞缸的活塞是后一级活塞缸的缸筒。伸出时可获得很长的工作行程,缩回时可保持很小的结构尺寸,伸缩式液压缸被广泛用于起重运输车辆上。

图 4-8 所示为套筒式伸缩缸的工作原理:外伸动作是逐级进行的,首先是最大直径的缸筒以最低的油液压力开始外伸,当到达行程终点后,稍小直径的缸筒开始外伸,直径最小的末级最后伸出。随着工作级数增多,外伸缸筒的直径越来越小,工作油液压力随之升高,工作速度变快。伸缩式液压缸有图 4-8(a) 所示的单作用式,也有图 4-8(b) 所示的双作用式,前者靠外力回程,而后者靠液压回程。

4. 齿轮式液压缸

齿轮式液压缸又称无杆式活塞缸,它由两个柱塞缸和一套齿轮齿条传动装置组成。如图 4-9 所示为齿轮式液压缸的工作原理,当压力油推动活塞左右往复运动时,齿条就推动齿轮件往复旋转,从而齿轮驱动工作部件(如组合机床中的旋转工作台)做周期性的往复旋转运动。

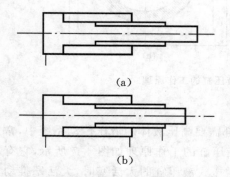

(a)

(b)

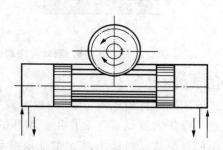

图 4-8　伸缩式液压缸的工作原理   图 4-9　齿轮式液压缸的工作原理

五、液压缸的使用与常见故障

1. 液压缸的使用

1) 主要参数的确定

选用液压缸时,根据运动机构的要求,不仅要保证液压缸有足够的作用力、速度和行程,而且还要有足够的强度和刚度。这主要根据运动机构的作用力、速度和行程来确定液压缸的额定压力、额定流量和最大工作行程。

2) 液压缸安装方式的选择

(1) 选择合理的安装方式 液压缸的安装方式很多,它们各具不同的特点。选择液压缸的安装方式,既要保证机械和液压缸自如地运动,又要使液压缸工作趋于稳定,并使安装部位处于有利的受力状态。工程机械、农用机械液压缸,为了取得较大的自由度,绝大多数都用轴线摆动式,即用耳环铰轴或球头等安装方式,如伸缩缸、变幅缸、铲斗缸、动臂缸、提升缸等。而金属切削机床的工作台液压缸却都用轴线固定式液压缸,即底脚、法兰等安装方式。

(2) 保证足够的安装强度 安装部件必须具有足够的强度。例如,支座式液压缸的支座很单薄,刚性不足,即使安装得十分正确,但加压后缸筒向上挠曲,活塞就不能正常运动,甚至会发生活塞杆弯曲折断等事故。

(3) 尽量提高稳定性 同一种安装方式,其安装方向不同,所受的力也不相同。

(4) 速度对液压缸选择的影响 运动速度不同,对液压缸内部结构的技术要求也不同。特别是高速运动和微速运动时,某些特定的要求就更为突出。液压缸在微速运动时应该特别注意爬行问题,应该选择滑动阻力小的密封件,活塞杆应进行稳定性校核;高速运动液压缸的主要问题是密封件的耐磨性和缓冲问题。

另外,温度等外部环境对液压缸的选择也有影响。

2. 液压缸的常见故障

1) 液压缸动作不良

(1) 液压缸、活塞和活塞杆完全不动 首先检查液压缸所拖动的机构是否阻力太大,或有卡死、楔紧、顶住其他部件等情况。检查进油口的油液压力是否达到规定值,如达到就要检查液压缸内部的原因。一般原因是:液压缸滑动部位配合过紧,密封摩擦力过大;油管、油路堵塞,特别是软管接头容易被堵;由于设计或制造不当,活塞行至终点后回程时,油压力不能作用在活塞的有效工作面积上。

(2) 液压缸运动时有爬行现象 造成爬行的原因主要有:液压缸存有残留空气;油液的弹性模量太低;密封摩擦力过大;液压缸及所拖动机构的静摩擦系数与动摩擦系数之间的差别;液压缸滑动部位有严重磨损、拉伤和咬着现象。

(3) 液压缸运动时发出噪声 发出噪声的主要原因是:空气混入液压缸;密封摩擦力过大;运动配合面过紧,运动困难。

(4) 缓冲效果不好 有缓冲装置的液压缸,有时因不能全部吸收惯性力的能量,因此仍有冲击现象。主要原因除了外部惯性力过大外,缓冲装置本身也存在问题,主要原因有:缓冲腔容积过小;缓冲孔隙过大;液压缸及缓冲装置加工装配不良,偏心和误差较大;缓冲装置的单向阀发生故障。

2) 液压缸泄露

液压缸外部泄漏能从外部直接观察出,内部泄漏则不能直接观察,需要单方面通入压力油,将活塞停在某一点或终端以后,看另一油口是否还向外漏油,以确定是否有内部泄漏。泄漏的原因主要有:密封件磨损;密封件的拧扭、唇边密封件的唇边撕裂或擦伤;忘记装入密封件或方向装反;密封结构选择得不合理,压力已超过它的额定值;工作环境、温度的改变或对工作油起到密封作用材料的变质;被密封表面过于粗糙或有纵向拉痕;缸筒受压膨胀。

【复习延伸】

(1)已知单杆活塞缸 $D=100$ mm,活塞杆直径 $d=50$ mm,工作压力 $p_1=2$ MPa,流量 $q=10$ L/min,回油背压力 $p_2=0.5$ MPa,求活塞往复运动时的推力和运动速度。

(2)已知单杆活塞缸 $D=50$ mm,活塞杆直径 $d=35$ mm,流量 $q=10$ L/min,求:①差动连接时的活塞运动速度;②若在差动连接时能克服外负载 $F=1\ 000$ N,缸内油液压力有多大?

(3)液压缸有几种形式?有什么特点?它们分别用在什么场合?

(4)某一差动液压缸,如果有:① $v_{快进}=v_{快退}$,② $v_{快进}=2v_{快退}$。求:活塞面积 A_1 与活塞杆面积 A_2 之比分别为多少?

(5)已知单杆活塞缸缸筒直径 $D=50$ mm,活塞杆直径 $d=35$ mm,液压油供油量 $q=25$ L/min,试求:① 液压缸差动连接时的运动速度;② 若缸在差动阶段所能克服的外负载 $F=1\ 000$ N,缸内油液压力有多大(不计管道压力损失)?

(6)简述液压缸的分类与各自的特点。

◀ 任务2 液压马达 ▶

【任务导入】

除了液压缸,液压执行元件还有液压马达。液压马达是能够直接输出旋转运动的执行元件,本任务重点学习液压马达。

【任务分析】

液压马达应用广泛,本任务重点讨论几种常用液压马达的结构、原理、参数计算和具体应用。

【相关知识】

一、液压马达的特点、类型和主要性能参数

1. 液压马达的特点

从能量转换的观点来看,液压泵与液压马达是可逆工作的液压元件,向任何一种液压泵

输入工作液体,都可使其变成液压马达工况;反之,当液压马达的主轴由外力矩驱动旋转时,也可变为液压泵工况。因为它们具有同样的基本结构要素——密闭而又可以周期变化的容积和相应的配油机构。

但是,由于液压马达和液压泵的工作条件不同,对它们的性能要求也不一样,所以同类型的液压马达和液压泵仍存在许多差别。首先,液压马达应能够正、反转,因而要求其内部结构对称;液压马达的转速范围需要足够大,特别对它的最低稳定转速有一定的要求。因此,它通常都采用滚动轴承或静压滑动轴承;其次,液压马达由于在输入压力油条件下工作,因而不必具备自吸能力,但需要一定的初始密封性,才能提供必要的启动转矩。由于存在着这些差别,使得液压马达和液压泵在结构上比较相似,但不能可逆工作。

2. 液压马达的类型

按其结构类型,液压马达分为齿轮液压马达、叶片液压马达、柱塞液压马达和其他形式。按其额定转速,液压马达分为高速液压马达和低速液压马达两大类。额定转速高于 500 r/min 的属于高速液压马达,额定转速低于 500 r/min 的属于低速液压马达。高速液压马达的基本形式有齿轮液压马达、螺杆液压马达、叶片液压马达和轴向柱塞液压马达等。它们的主要特点是转速较高、转动惯量小,便于启动和制动,调节(调速及换向)灵敏度高。通常高速液压马达输出转矩不大(仅几十牛米到几百牛米),所以又称为高速小转矩液压马达。低速液压马达的基本形式是径向柱塞式。此外,在轴向柱塞式、叶片式和齿轮式中也有低速的结构形式,低速液压马达的主要特点是排量大、体积大、转速低(有时仅为每分钟几转甚至零点几转),因此,可直接与工作机构连接,不需要减速装置,使传动机构大为简化,通常低速液压马达输出转矩较大(可达几千牛米到几万牛米),所以又称为低速大转矩液压马达。

3. 液压马达的主要性能参数

从液压马达的功用来看,其主要性能参数是转速 n、转矩 T 和效率 η。

1)转速 n

液压马达的转速为

$$n = \frac{q}{V}\eta_V \tag{4-22}$$

式中:V——液压马达的排量;

q——实际供给液压马达的流量;

η_V——容积效率。

2)转矩 T

液压马达的输出转矩为

$$T = T_t\eta_m = \frac{pV}{2\pi}\eta_m \tag{4-23}$$

式中:T_t——马达的理论输出转矩,即 $T_t = \frac{pV}{2\pi}$;

p——油液压力;

V——液压马达的排量;

η_m——机械效率。

3)液压马达的总效率 η

液压马达的总效率为马达的输出效率 $2\pi nT$ 与输入效率 pq 之比,即

$$\eta=\frac{2\pi nT}{pq}=\eta_V\eta_m \tag{4-24}$$

式中：p——油液压力；

　　q——实际供给液压马达的流量；

　　η_V, η_m——液压马达的容积效率和机械效率。

由式(4-24)可知，液压马达的总效率等于液压马达的机械效率与容积效率的乘积。

二、高速小转矩液压马达的工作原理

高速液压马达的结构与同类型液压泵的结构基本相同，但是由于作为马达工作时的一些特殊要求(如需要正、反转，反转时高、低压腔互换，启动时马达转速为零，等等)，所以同类型的马达与液压泵在具体的结构上仍有一些差别。

1. 齿轮液压马达

外啮合齿轮液压马达的工作原理如图 4-10 所示，C 为 Ⅰ、Ⅱ 两齿轮的啮合点，h 为齿轮的全齿高。啮合点 C 到两齿轮 Ⅰ、Ⅱ 的齿根距离分别为 a 和 b，齿宽为 B。当高压油进入马达的高压腔时，处于高压腔所有轮齿均受到压力油的作用，其中相互啮合的两个轮齿的齿面只有一部分齿面受高压油的作用。由于 a 和 b 均小于齿高 h，所以在两个齿轮 Ⅰ、Ⅱ 上就产生作用力 $pB(h-a)$ 和 $pB(h-b)$。在这两个力作用下，对齿轮产生输出转矩，随着齿轮按图示方向旋转，油液被带到低压腔排出。齿轮液压马达的排量公式与齿轮泵的相同。

齿轮液压马达在结构上为了适应正、反转要求，进、出油口相等、具有对称性、有单独外泄油口将轴承部分的泄漏油引出壳体外，为了减少启动摩擦力矩，采用滚动轴承，为了减少转矩脉动，齿轮液压马达的齿数比液压泵的齿数要多。

齿轮液压马达由于密封性差，容积效率较低，输入油压力不能过高，不能产生较大转矩，并且瞬间转速和转矩随着啮合点的位置变化而变化，因此，齿轮液压马达仅适合于高速小转矩的场合。一般用于工程机械、农业机械，以及对转矩均匀性要求不高的机械设备上。

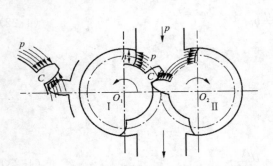

图 4-10　外啮合齿轮液压马达的工作原理

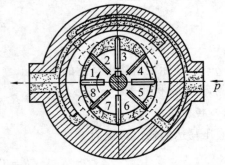

图 4-11　双作用式叶片液压马达的工作原理

2. 叶片液压马达

常用的叶片液压马达为双作用式，双作用式叶片液压马达的工作原理如图 4-11 所示。当高压油从进油口进入工作区段的叶片 1 和 4 之间的容积时，其中叶片 5 两侧均受压力油 p 作用不产生转矩，而叶片 1 和 4 一侧受高压油 p 的作用，另一侧受低压油 p_t 的作用。由于叶片 1 伸出面积大于叶片 4 伸出的面积，所以产生使转子顺时针方向转动的转矩。同理，叶片 3 和 2 之间也产生顺时针方向转矩。由图看出，当改变进油方向时，即高压油 p 进入叶片 3

和 4 之间容积和叶片 1 和 2 之间容积时,叶片带动转子逆时针转动。

叶片液压马达的排量公式与双作用叶片泵的相同,见式(3-15)。

为了适应马达正、反转要求,叶片液压马达的叶片为径向放置,为了使叶片底部始终通入高压油,在高、低油腔通入叶片底部的通路上装有梭阀。为了保证叶片液压马达在压力油通入后,高、低压腔不致串通能正常启动,在叶片底都设置了预紧弹簧——燕式弹簧。

叶片液压马达体积小,转动惯量小,反应灵敏,能适应较高频率的换向,但泄漏较大,低速时不够稳定。它适用于转矩小、转速高、机械性能要求不严格的场合。

3. 轴向柱塞液压马达

轴向柱塞泵除阀式配流外,其他形式原则上都可以作为液压马达用,即轴向柱塞泵和轴向柱塞液压马达是可逆的。轴向柱塞液压马达的工作原理如图 4-12 所示,配油盘 4 和斜盘 1 固定不动,马达轴 5 与缸体 2 相连接一起旋转。当压力油经配油盘 4 的窗口进入缸体 2 的柱塞孔时,柱塞 3 在压力油作用下外伸,紧贴斜盘 1,斜盘 1 对柱塞 3 产生一个法向反力 F,此力可分解为轴向分力 F_x 和垂直分力 F_y,F_x 与柱塞上液压力相平衡,而 F_y 则使柱塞对缸体中心产生一个转矩,带动马达轴逆时针方向旋转。轴向柱塞马达产生的瞬时总转矩是脉动的。若改变马达压力油输入方向,则马达轴 5 按顺时针方向旋转。斜盘倾角 α 的改变(即排量的变化),不仅影响马达的转矩,而且影响它的转速和转向。斜盘倾角越大,产生转矩越大,转速越低。

轴向柱塞马达的排量公式与轴向柱塞泵的相同。

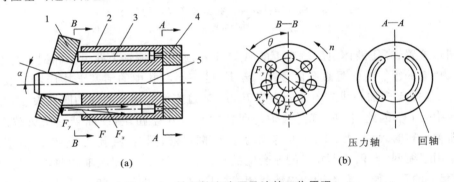

图 4-12 轴向柱塞液压马达的工作原理

1—斜盘;2—缸体;3—柱塞;4—配油盘;5—马达轴

三、低速大转矩液压马达的工作原理

低速液压马达的主要特点是:排量大,输出转动转矩大,转速低。有的低速液压马达的转速低到每分钟几转甚至零点几转,因此能直接与工作机构连接,不需要减速装置,使传动机构大大简化。输出相同转矩时,低速液压马达与采用齿轮减速传动的高速液压马达相比要轻得多。此外,低速液压马达具有较高的启动效率,因而广泛应用于采矿机械、工程机械、建筑机械等方面。

1. 曲轴连杆式径向柱塞液压马达

曲轴连杆式径向柱塞液压马达是应用较早的一种单作用低速大转矩马达。图 4-13 所示为曲轴连杆式径向柱塞液压马达的工作原理:缸体 1 内沿径向均匀布置了 5 个(或 7 个)柱塞缸形成星形缸体,缸内装有柱塞 2,柱塞中心是球窝,与连杆 3 的球头铰接,连杆大端做成鞍形圆柱面，紧贴在曲轴4的偏心轮上，曲轴4的回转中心为O（缸体中心），几何中心为O_1，配流轴5通过十字接头与曲轴连接在一起，曲轴转动时，配油轴随着曲轴一起转动，配流套6与缸体1固定在一起，开有总进、回液口A、B，它们通过套内的环形槽和配流轴5上的通道a、b分别与配流轴5上弓形进、回液腔相通，进、回液腔之间被隔墙密封，配流套6上的径向孔①～⑤与配流轴5上的进、回液腔的位置相对应，并与缸体孔①～⑤对应相通。隔墙的宽度等于或稍大于配流套上的径向孔直径。

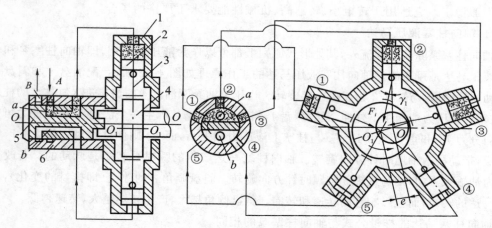

图4-13　曲轴连杆式径向柱塞液压马达的工作原理
1—缸体；2—柱塞；3—连杆；4—曲轴；5—配油轴；6—配流套

在图示位置，高压液体由配流套上的A口输入，通过配流轴上孔道a和配流套上①、②、③孔进入相应的①、②、③号缸孔的顶部。于是，这三个缸孔中的活塞上均作用有液压力，用F_0表示。F_0沿连杆轴心线方向的分力为F_i，F_i通过连杆作用至曲轴的圆柱表面，并指向曲轴的几何中心O_1，因此，各F_i都对曲轴的回转中心O产生扭矩，使曲轴克服负载而逆时针旋转。曲轴旋转时，缸孔①、②、③的容积增大，不断进液；同时，缸孔④、⑤里的活塞在曲轴、连杆的作用下缩回，容积减小并经配流套上的孔④、⑤回液。当配流轴随曲轴转过一个角度后，配流套上的孔③便被配流轴的隔墙封闭，这时缸孔③中的活塞和连杆轴心线与OO_1连线重合，缸孔③的容积达到最大，于是缸孔③在此瞬间既不进液，也不回液。但曲轴在①、②号缸孔的活塞推动下仍继续旋转，转过很小的角度后，缸孔③便与回液腔接通开始回液，然后缸孔⑤由回液工况变为进液工况，如此不停地循环下去，使马达不停地旋转，并输出扭矩。

必须指出，曲轴回转中心O（壳体中心）与其几何中心O_1的连线OO_1将液压马达分为两部分，一边为进液侧，另一边为回液侧，而恰好处在OO_1线上的缸孔，则既不进液，也不回液。装配时，配流轴上的弓形进、回液腔在隔墙上的对称线和连线OO_1应处于一个平面内，以保证缸孔容积增大或减小与配流装置上的进、回液同步。

单作用连杆型径向柱塞马达的排量为

$$V = \frac{\pi d^2 e z}{2} \tag{4-25}$$

式中：d——柱塞直径；

e——曲轴偏心距；

z——柱塞数。

单作用连杆式径向柱塞液压马达的优点是结构简单,工作可靠;缺点是体积和质量较大,转矩脉动,低速稳定性较差。近几年来因其主要摩擦副大多采用静压支承或静压平衡结构,其低速稳定性有很大的改善,最低转速可达 3 r/min。

2. 多作用内曲线径向柱塞液压马达

在低速大转矩马达中,多作用内曲线径向柱塞液压马达是比较主要的一种结构形式。它具有结构紧凑、传动转矩大、低速稳定性好、启动效率高等优点,因而得到了广泛的应用。

图 4-14 所示为内曲线径向柱塞液压马达的工作原理,它由定子(凸轮环)1、转子(缸体) 2、柱塞组 3 和配流轴 4 等主要部件组成。定子(凸轮环)的内表面由 x 个(图中 $x=6$)均匀分布的形状完全相同的曲面组成,每一个曲面又可分为对称的两边,其中柱塞组向外伸的一边称为工作段(进油段),与它对称的另一边称为回油段。每个柱塞在马达转一周中往复次数就等于定子曲面数 x,故称 x 为该马达的作用次数。

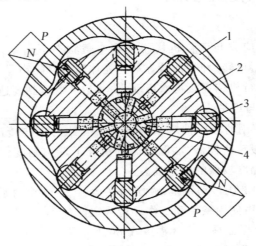

图 4-14 内曲线径向柱塞液压马达工作原理
1—定子(凸轮环);2—转子(缸体);3—柱塞组;4—配流轴

转子(缸体)沿其径向均匀分布 z 个柱塞缸孔,每个缸孔的底部有一配流孔,并与配流轴的配流窗口相通。配流轴上有 $2x$ 个均布的配流窗口,其中 x 个窗口与压力油相通,另外 x 个窗口与回油孔道相通,这 $2x$ 个配流窗口分别与 x 个定子曲面的工作段和回油段的位置相对应。压力油进入配流轴,经配流窗口进入处于工作段的各柱塞缸孔中,使相应的柱塞组顶在定子曲面上,在接触处定子曲面给予柱塞组一反力 F_n,此反力 F_n 作用在定子曲面与滚轮接触处的公法面上,此法向反力 F_n 可分解为径向力 F_p 和切向力 F_t,径向力 F_p 与柱塞底面的液压力相平衡,而切向力 F_t 则通过横梁的侧面传递给转子,驱使转子旋转。在这种工作状况下,定子和配流轴是不转的。此时,对应于定曲面回油区段的柱塞作反方向运动,通过配流轴将油液排出。当柱塞组经定子曲面工作段过渡到回油段的瞬间,供油和回油通道被封闭。为了使转子能连续运转,内曲线马达在任何瞬间都必须保证有柱塞组处在进油段工作,因此,作用次数 x 和柱塞缸孔数 z 不能相等。

柱塞组每经过定子的一个曲面,往复运动一次,进油和回油就交换一次。当进出油方向对调时,马达将反转。若将转子固定,则定子和配流轴将旋转,成为壳转形式,其转向与前者(轴转)相反。

多作用内曲线径向柱塞液压马达的排量为

$$V=\frac{\pi d^2}{4}sxyz \tag{4-26}$$

式中：d——柱塞直径；

s——柱塞行程；

x——作用次数；

y——柱塞排数；

z——每排柱塞数。

多作用内曲线径向柱塞液压马达具有转矩脉动小、径向力平衡、启动转矩大、能在低速下稳定地运转等优点，故普遍应用于工程、建筑、起重运输、煤矿、船舶、农业等机械中。

四、液压马达的使用与维护

1. 转速的调整

液压马达在使用前，应先与工作机构脱开在空载状态下启动，再从低速到高速逐步调试，并注意空载排气，然后反转。同时，检查马达壳体温升和噪声是否正常，待空载运转正常后，停机将液压马达与执行机构连接再次启动，使马达从低速到高速负载运动。

2. 液压马达的使用与维护

（1）液压传动系统使用的液压油应该根据液压马达的工作转速、工作压力和工作温度来选用不同的牌号。一般转速较低、油温较高的情况下选用黏度较高的液压油；转速较高、油温较低的情况下选用黏度较低的液压油。

（2）新装液压马达的液压传动系统，液压油在运转 2~3 个月后应更换一次，以后 1~2 年应更换一次，具体时间由使用条件和工作环境确定。

（3）一般使用情况应保证马达壳体温度在 80 ℃以下。

（4）液压传动系统工作时应避免吸入空气，否则液压马达会运转不平稳，出现噪声和振动。

【复习延伸】

（1）某液压马达的排量 $V=250$ mL/r，供油压力 $p=9.5$ MPa，供油流量 $q=22$ L/min，容积效率 $\eta_v=0.92$，总效率 $\eta_m=0.9$，求马达的实际转速、实际输出转矩和实际输出功率。

（2）某一液压马达，要求输出 100 N·m 的转矩，转速为 50 r/min，马达的排量为 100 mL/r，马达的机械效率和容积效率均为 0.90，马达的出口压力为 0.5 MPa，试求液压马达所需的流量和压力各为多少？

（3）液压马达的分类与各自结构特点。

项目 5
方向控制阀及其应用

◀ **知识目标**

(1)掌握方向控制阀的分类；

(2)掌握各种方向控制阀的结构和工作原理；

(3)掌握换向阀的"位"与"通"的概念、"中位机能"的概念；

(4)掌握各种方向控制阀的图形符号。

◀ **能力目标**

(1)掌握单向阀的应用；

(2)掌握换向阀的应用。

任务1 单向阀的工作原理及其应用

【任务导入】

液压传动系统由完成一定功能的基本液压回路组成,而液压回路主要由各种液压控制阀按一定需要组合而成。对于实现相同目的的液压回路,由于选择的液压控制阀不同或组合方式不同,回路的性能也不完全相同。因此熟悉各种液压控制阀的性能和基本回路的特点极为重要。

液压控制阀的作用是控制液压传动系统中液流的方向、压力和流量,按用途可分为方向控制阀、压力控制阀和流量控制阀,按控制原理可分为定值或开关控制阀、电液比例阀、伺服控制阀和数字控制阀,按安装连接方式可分为管式阀、板式阀、叠加阀和插装阀,按结构可分为滑阀、转阀、座阀和射流管阀等。

方向阀可分为单向阀和换向阀两类。本任务通过了解单向阀的结构,使学生掌握单向阀的工作原理,同时熟练掌握单向阀的功用与应用场合。

【任务分析】

掌握单向阀的功用与应用场合,首先要了解普通单向阀和液控单向阀的结构及工作原理,熟悉它们的工作过程,认知它们的液压符号,最终掌握它们的具体应用。

【相关知识】

单向阀是控制油液单方向流动的方向控制阀,分为普通单向阀和液控单向阀两种。

一、普通单向阀的结构及工作原理

普通单向阀的功能是只允许油液向一个方向流动,而不能反向流动,这种阀也称为止回阀。对单向阀的主要性能要求是:油液向一个方向通过时压力损失要小,反向不通时密封性要好。

普通单向阀有直通式和直角式两种,如图 5-1(a)、(b)所示。当液流从进油口 P_1 流入时,克服作用在阀芯 2 上的弹簧 3 的作用力顶开阀芯,从出油口 P_2 流出;当液流反向从 P_2 口流入时,在液压力和弹簧力的共同作用下,使阀芯压紧在阀座上,使阀口关闭,实现反向截止。普通单向阀的图形符号如图 5-1(c)所示。单向阀中的弹簧刚度较小,开启压力很小,一般在 0.035~0.05 MPa 之间。若将单向阀中的弹簧换成刚度较大的弹簧时,可用作背压阀,开启压力在0.2~0.6 MPa 之间。

按阀芯的结构形式,单向阀又可分为钢球式和锥阀式两种。阀芯为球阀的单向阀,其结构简单,但密封容易失效,工作时容易产生振动和噪声,一般用于流量较小的场合。图 5-1 所示为阀芯为锥阀的单向阀,这种单向阀的结构较复杂,但其导向性和密封性较好,工作比较平稳。

二、液控单向阀的结构及工作原理

液控单向阀在普通单向阀的结构上增加了一个控制活塞 1 和一个控制油口 K,如图 5-2

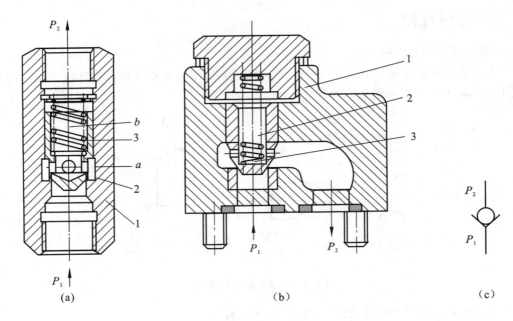

图 5-1 单向阀

1—阀体；2—阀芯；3—弹簧

所示。当控制油口 K 没有通入压力油时，它的工作原理与普通单向阀的完全相同。当控制油口 K 通入压力油时，控制活塞 1 移动，顶开阀芯，使油口 P_1 和 P_2 相通，使油液反向通过。

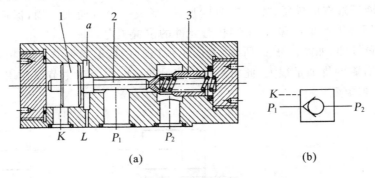

图 5-2 液控单向阀

1—控制活塞；2—顶杆；3—卸荷阀芯

液控单向阀的结构形式按其控制活塞处的泄油方式，可分为内泄式和外泄式。反向压力较低时采用内泄式，反向压力较高时采用外泄式。

【任务实施】

一、实施环境

（1）液压气动综合实训室。

（2）液压传动综合实验台、液压泵、单向阀、换向阀、液压缸、压力表等元件。

二、实施过程

1. 普通单向阀的应用

（1）安装在液压泵出口，如图 5-3（a）所示，防止系统压力突然升高而损坏液压泵。防止系统中的油液在泵停机时倒流回油。

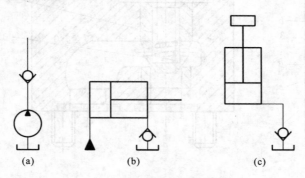

图 5-3　普通单向阀的应用

（2）安装在回油路中作为背压阀，如图 5-3（b）所示。

（3）液压泵停止工作时，保持液压缸位置，如图 5-3（c）所示。

（4）与其他阀组合成单向控制阀。例如，单向节流阀。

2. 液控单向阀的应用

（1）保持压力，如图 5-4（a）所示，利用单向阀锥阀关闭的严密性，使油路长时间保压。

（2）实现液压缸双向锁紧，如图 5-4（b）所示，形成一个双向液压锁，保证液压缸在换向阀中位时不会因外力产生位移，保证了执行元件的位置锁定。

（3）大流量排油，如图 5-4（c）所示，若图示液压缸两腔有效工作面积相差过大，活塞在退回时液压缸右腔的排油量很大，此时采用小流量的换向阀会产生节流作用，因此增加液控单向阀保证排油顺畅。

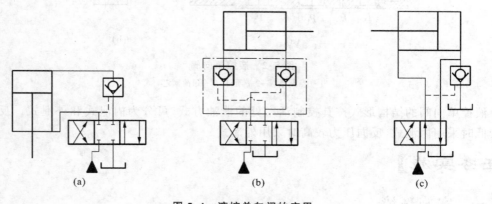

图 5-4　液控单向阀的应用

3. 实验验证

（1）准备构成以上回路的元件器材。

（2）连接安装回路。

（3）演示回路工作过程。

（4）验证回路的背压、锁紧等性能。

4. 总结分析

总结分析回路工作特点。

【相关拓展】

单向阀常见的故障原因与排除方法如表 5-1 所示。

表 5-1　单向阀常见的故障原因与排除方法

故障现象	原 因 分 析	排 除 方 法
单向阀反方向不密封有泄漏	单向阀在全开位置上卡死： （1）阀芯与阀孔配合过紧； （2）弹簧侧弯、变形、太弱。	（1）修配，使阀芯移动灵活； （2）更换弹簧。
	单向阀锥面与阀座锥面接触不均匀： （1）阀芯锥面与阀座同轴度差； （2）阀芯外径与锥面不同心； （3）阀座外径与锥面不同心； （4）油液过脏。	（1）检修或更换； （2）检修或更换； （3）检修或更换； （4）过滤油液或更换。
液控单向阀反向打不开	（1）控制压力过低； （2）控制管路接头漏油严重或管路弯曲被压扁使油不畅通； （3）控制阀芯卡死（如加工精度低，油液过脏）； （4）控制阀端盖处漏油； （5）单向阀卡死（如弹簧弯曲、单向阀加工精度低、油液过脏）。	（1）提高控制压力，使之达到要求值； （2）紧固接头，消除漏油或更换管子； （3）清洗、修配，使阀芯移动灵活； （4）紧固端盖螺钉，并保证拧紧力矩均匀； （5）清洗，修配，使阀芯移动灵活；更换弹簧；过滤或更换油液。

【复习延伸】

（1）普通单向阀有哪些功用？

（2）单向阀作为背压阀使用时，要更换什么零件？为什么？

（3）液控单向阀的内泄式和外泄式有什么不同？

◀ 任务 2　换向阀的工作原理及其应用 ▶

【任务导入】

换向阀是利用阀芯相对阀体位置的改变，使油路接通、断开或改变液流方向，从而控制执行元件的启动、停止或改变其运动方向的液压阀。其类型较多，应用广泛。

【任务分析】

掌握换向阀的功用与应用场合,首先要掌握各类换向阀的结构及工作原理,熟悉它们的工作过程,认知它们的液压符号,掌握其功用。

【相关知识】

一、换向阀的类型

换向阀的类型如表 5-2 所示。

表 5-2 换向阀的类型

分类方式	类 型
按照阀芯结构	滑阀式换向阀、转阀式换向阀、球阀式换向阀
按照阀的工作位置数量	二位换向阀、三位换向阀、四位换向阀
按照阀的通路数量	二通换向阀、三通换向阀、四通换向阀、五通换向阀
按照阀的安装方式	管式换向阀、板式换向阀、法兰式换向阀
按照阀的操纵方式	手动换向阀、机动换向阀、电磁换向阀、液动换向阀、电液动换向阀

二、换向阀的工作原理与图形符号

1. 换向阀的"通"和"位"。

通常所说的"二位阀"、"三位阀"是指换向阀的阀芯有两个或三个不同的工作位置。所谓"二通阀"、"三通阀"、"四通阀"是指换向阀的阀体上有两个、三个、四个各不相通且可与系统中不同油管相连的油道接口,不同油道之间只能通过阀芯移位时阀口的开关来沟通。

换向阀的图形符号含义如下。

(1)用方框表示阀的工作位置,有几个方框就表示有几"位"。

(2)方框内的箭头表示油路处于接通状态,但箭头方向不一定表示液流的实际方向。

(3)方框内符号"⊥"或"⊤"表示该通路不通。

(4)方框外部连接的接口数有几个,就表示几"通"。

(5)一般来说,阀与系统供油路连接的进油口用字母 P 表示,阀与系统回油路连通的回油口用 T 表示,而与执行元件连接的油口用字母 A、B 表示。

(6)换向阀都有两个或两个以上的工作位置,其中一个为常态位,即阀芯未受到操纵力时所处的位置。图形符号中的中位是三位换向阀的常态位。利用弹簧复位的二位换向阀则以靠近弹簧的方框内的通路状态为其常态位。绘制系统图时,油路一般应连接在换向阀的常态位上。

表 5-3 列出了几种常用换向阀的结构原理图和图形符号。

表 5-3　常用换向阀的结构原理图和图形符号

名　称	结构原理图	图形符号
二位二通换向阀		
二位三通换向阀		
二位四通换向阀		
二位五通换向阀		
三位四通换向阀		
三位五通换向阀		

2. 换向阀的中位机能

滑阀式换向阀处于中间位置或原始位置时,阀中各油口的连通方式称为换向阀的滑阀机能。滑阀机能直接影响执行元件的工作状态,对于三位换向阀,阀芯处于中间位置时(即常态位)各油口的连通形式称为中位机能。常见的三位换向阀的中位机能如表 5-4 所示。各种不同的中位机能形成了下列不同的系统特点。

(1)系统保压。当油口 P 被堵塞时(如 O 型、Y 型),系统保压,液压泵能用于多缸液压传动系统。

(2)系统卸荷。当油口 P 和油口 T 相通时(如 H 型、M 型),这时整个系统卸荷。

(3)液压缸"浮动"和在任意位置处锁住。当油口 A 和油口 B 接通时(如 H 型、Y 型),液压缸处于"浮动"状态,可以通过其他机构使工作台移动,调整其位置。

(4)液压缸锁住。当油口 A 和油口 B 都被堵塞时(如 O 型、M 型),则可使液压缸在任意位置处停止并被锁住。

(5)启动平稳性。阀处于中位时,油口 A 和油口 B 都不通油箱(如 O 型、P 型、M 型启动时),油液能起缓冲作用,易于保证启动的平稳性。

(6)换向精度和换向平稳性。当工作油口 A 和 B 都堵塞时(如 O 型、M 型),换向精度高,但换向过程中易产生液压冲击,换向平稳性差。当油口 A 和 B 都通油口 T 时(如 H 型、Y 型),换向时液压冲击小,平稳性好,但换向精度低。

表 5-4　三位换向阀的中位机能

型号	结构原理图	中位符号	中位油口状态和特点
O			各油口全封闭,换向精度高,但有冲击,缸被锁紧,泵不卸荷,并联泵可运动
H			各油口全通,换向平稳,缸浮动,泵卸荷,其他缸不能并联使用
Y			油口 P 封闭,油口 A、B、T 相通,换向较平稳,泵不卸荷,并联缸可运动

续表

型号	结构原理图	中位符号	中位油口状态和特点
P			油口 T 封闭,油口 P、A、B 相通,换向最平稳,双杆缸浮动,单杆缸差动,泵不卸荷,并联缸可运动
M			油口 P、T 相通,油口 A、B 封闭,换向精度高,但有冲击,缸被锁紧,泵卸荷,其他缸不能并联使用

3. 不同操纵方式的换向阀结构与工作原理

1) 手动换向阀

图 5-5(a)所示为弹簧自动复位式三位四通手动换向阀的结构原理图,图 5-5(c)所示为其图形符号。推动手柄向右,阀芯向左移动至左位,此时油口 P 与油口 A 相通,油口 B 经阀芯轴向孔与油口 T 相通;推动手柄向左,阀芯处于右位,液流换向。松开手柄时,阀芯靠弹簧力恢复至中位(原始位置),这时油口 P、A、B、T 全部封闭(图示位置),故阀为 O 型机能。该阀适用于动作频繁、工作持续时间短的场合,操作比较安全,常应用于工程机械。

图 5-5(b)所示为钢球定位式三位四通换向阀定位部分的结构原理图,图 5-5(d)所示为其图形符号,其定位缺口数由阀的工作位置数决定。由于定位机构的作用,当松开手柄后,阀芯仍保持在所需的工作位置上。它应用于机床、液压机、船舶等需保持工作状态时间较长的情况。

2) 机动换向阀

机动换向阀又称行程换向阀。它利用行程挡块或凸轮推动阀芯实现换向。机动换向阀动作可靠,改变挡块斜面角度便可改变换向时阀芯的移动速度,因而可以调节换向过程的快慢。

图 5-6(a)所示为二位三通机动换向阀的结构原理图,图 5-6(b)所示为其图形符号。在常态位油口 P 与油口 A 相通;当挡块 5 压下机动换向阀滚轮 4 时,油口 P 与油口 B 相通。图中阀芯 2 上的轴向孔是泄漏通道。

机动换向阀具有结构简单、工作可靠、位置精度高等优点,它经常应用于机床液压传动系统的速度换接回路中。机动换向阀必须安装在运动部件附近,因此连接管路较长。

3) 电磁换向阀

电磁换向阀是借助于电磁铁吸力推动阀芯动作以实现液流通、断或改变流向的换向阀。电磁换向阀操纵方便、布置灵活,易于实现动作转换的自动化,因此应用最为广泛。但由于电磁铁吸力有限,因而要求切换的流量不能太大,一般在 63 L/min 以下,且回油口背压不宜过高,否则易烧毁电磁铁线圈。

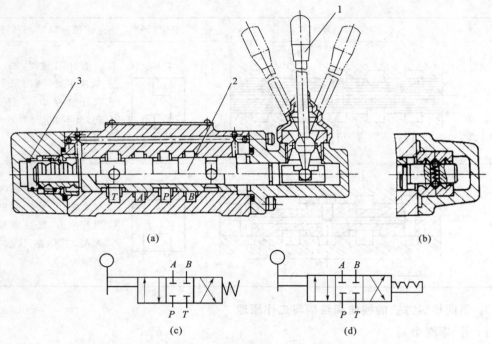

图 5-5 三位四通手动换向阀
1—手柄；2—阀芯；3—弹簧

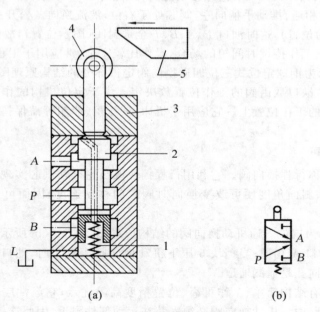

图 5-6 二位三通机动换向阀
1—弹簧；2—阀芯；3—压盖；4—滚轮；5—挡块

图 5-7(a)所示为二位二通电磁阀的结构原理图,它由阀芯 1、弹簧 2、阀体 3、推杆 4、密封圈 5、电磁铁 6 和手动推杆 7 等基本件组成。常态时,油口 P 与油口 A 不通,故此阀为常闭型。通电时,推杆 4 克服弹簧 2 的预紧力,推动阀芯 1,使阀芯 1 换位,油口 P 与油口 A 接

通。电磁铁顶部的手动推杆 7 是为了检查电磁铁是否动作以及在电气发生故障时实现手动操纵而设置的。泄漏到两端面的油液通过泄漏口 L 引回油箱,以保证阀芯能自由运动。图 5-7(b)、(c)所示分别表示了常闭型和常开型机能二位二通电磁阀的图形符号。

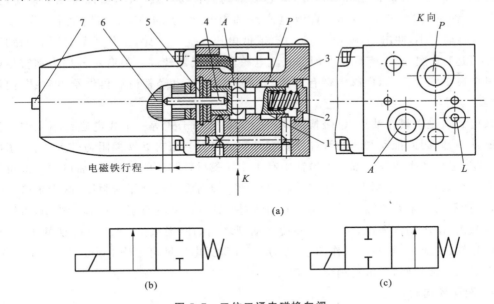

(a)

(b)   (c)

图 5-7　二位二通电磁换向阀

1—阀芯;2—弹簧;3—阀体;4—推杆;5—密封圈;6—电磁铁;7—手动推杆

图 5-8(a)所示为三位四通电磁阀的结构原理图,图 5-8(b)所示为其图形符号。阀两端有两根对中弹簧和两个定位套使阀芯在常态时处于中位,此时油口 P、A、B、T 都不通,故滑阀机能为 O 型。当右端电磁铁通电吸合时,衔铁通过推杆将阀芯推至左端,油口 P 与 A 通,B 与 T 通;左端电磁铁通电吸合时,阀芯被推至右端,油口 P 与 B 通,A 与 T 通。

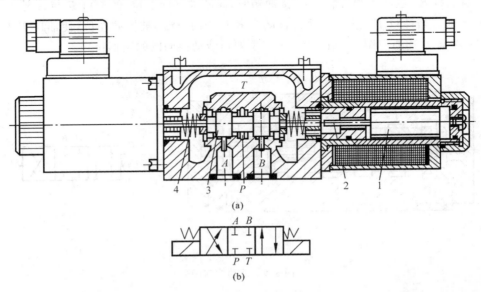

(a)

(b)

图 5-8　三位四通电磁换向阀

1—衔铁;2—推杆;3—阀芯;4—弹簧

电磁换向阀种类规格很多,如按电磁铁所用电源不同,可分为交流电磁铁式和直流电磁铁式。交流电磁铁的使用电压多为 220 V,换向时间短(为 0.01~0.03 s),启动力大,电气控制线路简单。但工作时冲击和噪声大,阀芯吸不到位容易烧毁线圈,所以使用寿命短,其允许切换频率一般为 30 次/min。直流电磁铁的电压多为 24 V,换向时间长(为 0.05~0.08 s),启动力小,冲击小,噪声小,对过载或低电压反应不敏感,工作可靠,使用寿命长,切换频率可达120 次/min,需配备专门的直流电源,因此费用较高。另有一种称为本整型电磁铁。其电磁铁是直流的,但阀内带有整流器,通入的交流电经整流后再供给电磁铁,使用较方便。

按电磁铁是否浸在油里,电磁换向阀又分为湿式和干式等。干式电磁铁不允许油液进入电磁铁内部,因此推动阀芯的推杆处要有可靠的密封。密封处摩擦阻力较大,增加了电磁铁的负担,也易产生泄漏。湿式电磁铁中有用非导磁材料制成的导套,回油口的油液可进入导套内。在线圈磁场作用下,衔铁在导套内移动。阀内没有运动用密封圈,减少了阀芯运动阻力,并且不易产生外泄漏。另外套内的油液对衔铁的运动具有阻尼和润滑作用,可以减少衔铁的撞击,使阀动作平稳,噪声小,并使运动副之间的磨损减少,延长电磁铁的工作寿命。干式电磁铁(交流)一般只能工作 50~60 万次,而湿式电磁铁可工作 1 000 万次以上。因此,湿式电磁铁性能较好,但价格稍贵。

4. 液动换向阀

电磁换向阀布置灵活,易实现程序控制,但受电磁铁尺寸限制,难以用于切换大流量油路,当阀的通径大于 10 mm 时常用压力油操纵阀芯的换位。这种利用控制油路的压力油推动阀芯改变位置的阀,即为液动换向阀。

图 5-9(a)所示为三位四通液动换向阀的结构原理图。当其两端控制油口 K_1 和 K_2 均不通入压力油时,阀芯在两端弹簧的作用下处于中位(图示位置),使油口 P、A、B 和 T 互相不通。当油口 K_1 进压力油、油口 K_2 接油箱时,阀芯被推向右位,使油口 P 与 A 连通,油口 B 与 T 连通。当油口 K_2 进压力油、油口 K_1 接油箱时,阀芯被推向左位,使油口 P 与 B 连通,油口 A 与 T 连通。图 5-9(b)所示为三位四通液动换向阀的图形符号。

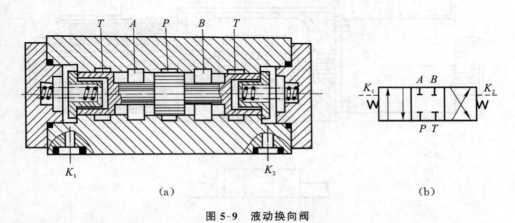

(a)   (b)

图 5-9 液动换向阀

5. 电液换向阀

电液换向阀是由电磁换向阀和液动换向阀组成的复合阀。电磁换向阀为先导阀,它用于改变控制油路的方向;液动换向阀为主阀,它用于改变主油路的方向。这种阀的优点是,可用反应灵敏的小规格电磁阀方便地控制大流量的液动阀换向。

图 5-10(a)所示为三位四通电液换向阀的结构原理图,上面是电磁阀(先导阀),下面是液动阀(主阀)。其工作原理可用图 5-10(b)所示详细图形符号加以说明,当电磁换向阀的两个电磁铁均不通电(图示位置)时,电磁阀阀芯在两端弹簧力的作用下处于中位。这时液动换向阀阀芯两端的压力油经两个小节流阀及电磁换向阀的通路与油箱连通,因此它也在两端弹簧的作用下处于中位。主油路中,油口 A、B、P、T 均不相通,当左端电磁铁通电时,电磁阀阀芯移至右端,由油口 P 进入的压力油经电磁阀油路及左端单向阀进入液动换向阀的左端油腔,而液动换向阀右端的压力油则可经右节流阀及电磁阀上的通道与油箱连通,液动换向阀阀芯即在左端液压推力的作用下移至右端,即液动换向阀左位工作。其主油路的通油状态为油口 P 与 A 连通,油口 B 与 T 连通;反之,当右端电磁铁通电,电磁阀阀芯移至左端时,液动换向阀右位工作,其主油路通油状态为油口 P 与 B 连通,油口 A 与 T 连通。实现了油液换向。图 5-10(c)所示为三位四通电液换向阀的简化图形符号。

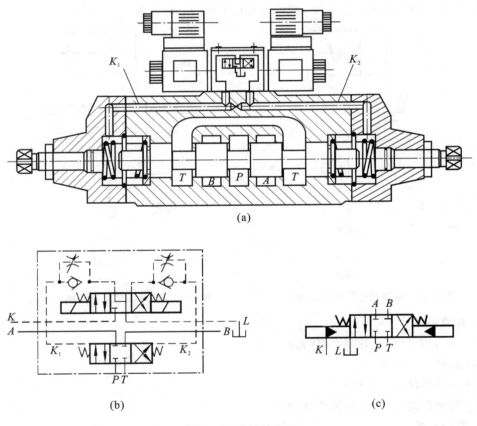

图 5-10 电液换向阀

若在液动换向阀的两端盖处加装调节螺钉,则调节螺钉就可调节液动换向阀移动的行程和各主阀口的开度,从而改变通过主阀的流量,对执行元件起到粗略的速度调节作用。

【任务实施】

一、实施环境

（1）液压气动综合实训室。

（2）液压传动综合实验台、液压泵、普通单向阀、液控单向阀、液压缸、压力表等元件。

二、实施过程

1. 单作用液压缸的换向回路

如图 5-11 所示，采用了一个二位三通换向阀完成对单作用液压缸工作腔的进油和回油控制，达到执行元件的运动换向。

2. 双作用液压缸的换向回路

如图 5-12 所示，利用三位四通换向阀实现液压缸的运动换向，其中位机能还可实现中位的控制功能。图 5-12 所示采用的是 O 型中位机能的三位四通换向阀，可以实现液压缸的中位停止，如果换成 P 型中位机能，就可以实现中位的差动连接了。

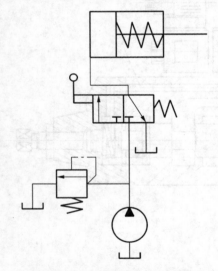

图 5-11 单作用液压缸的换向回路

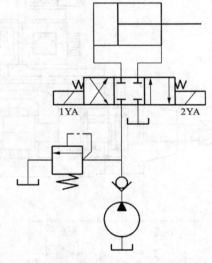

图 5-12 双作用液压缸的换向回路

3. 实验验证

（1）准备构成以上回路的元件器材。

（2）连接安装回路。

（3）演示回路工作过程。

（4）验证回路的背压、锁紧等性能。

4. 总结分析

总结分析回路工作特点。

【相关拓展】

电（液、磁）换向阀常见的故障原因与排除方法如表 5-5 所示。

表 5-5　电(液、磁)换向阀常见的故障原因与排除方法

故障现象	原 因 分 析		排 除 方 法
主阀芯不运动	电磁铁故障	(1) 电磁铁线圈烧坏 (2) 电磁铁推动力不足或漏磁 (3) 电气线路出故障 (4) 电磁铁未加上控制信号 (5) 电磁铁铁芯卡死	(1) 检查原因,进行修理或更换 (2) 检查原因,进行修理或更换 (3) 消除故障 (4) 检查后加上控制信号 (5) 检查或更换
	先导电磁阀故障	(1) 阀芯与阀体孔卡死(如零件几何精度差;阀芯与阀孔配合过紧;油液过脏) (2) 弹簧侧弯,使滑阀卡死	(1) 修理配合间隙达到要求,使阀芯移动灵活;过滤或更换油液 (2) 更换弹簧
	主阀芯卡死	(1) 阀芯与阀体几何精度差 (2) 阀芯与阀孔配合太紧 (3) 阀芯表面有毛刺	(1) 修理配研间隙达到要求 (2) 修理配研间隙达到要求 (3) 去毛刺,冲洗干净
	液控油路故障	(1) 控制油路无油 ①控制油路电磁阀未换向 ②控制油路被堵塞 (2) 控制油路压力不足 ①阀端盖处漏油 ②滑阀排油腔一侧节流阀调节得过小或被堵死	(1) 检查修理 ①检查原因并消除 ②检查清洗,并使控制油路畅通 (2) 检查修理 ①拧紧端盖螺钉 ②清洗节流阀并调整适宜
主阀芯不运动	油液变质或油温过高	(1) 油液过脏使阀芯卡死 (2) 油温过高,使零件产生热变形,而产生卡死现象 (3) 油温过高,油液中产生胶质,黏住阀芯而卡死 (4) 油液黏度太高,使阀芯移动困难而卡住	(1) 过滤或更换 (2) 检查油温过高原因并消除 (3) 清洗,消除油温过高 (4) 更换适宜的油液
	安装不良	阀体变形 (1) 安装螺钉拧紧力矩不均匀 (2) 阀体上连接的管子"别劲"	(1) 重新紧固螺钉,并使之受力均匀 (2) 重新安装
	复位弹簧不符合要求	(1) 弹簧力过大 (2) 弹簧侧弯变形,致使阀芯卡死 (3) 弹簧断裂不能复位	更换适宜的弹簧
阀芯换向后通过的流量不足	阀开口量不足	(1) 电磁阀中推杆过短 (2) 阀芯与阀体几何精度差,间隙过小,移动时有卡死现象,故不到位 (3) 弹簧太弱,推力不足,使阀芯行程不到位	(1) 更换适宜长度的推杆 (2) 配研达到要求 (3) 更换适宜的弹簧
压力降过大	阀参数选择不当	实际通过流量大于额定流量	应在额定范围内使用

故障现象		原因分析	排除方法
液控换向阀阀芯换向速度不易调节	可调装置故障	(1) 单向阀封闭性差 (2) 节流阀加工精度差，不能调节最小流量 (3) 排油腔阀盖处漏油 (4) 针形节流阀调节性能差	(1) 修理或更换 (2) 修理或更换 (3) 更换密封件，拧紧螺钉 (4) 改用三角槽节流阀
电磁铁过热或线圈烧坏	电磁铁故障	(1) 线圈绝缘不好 (2) 电磁铁铁芯不合适，吸不住 (3) 电压太低或不稳定	(1) 更换 (2) 更换 (3) 电压的变化值应在额定电压的10%以内
	负荷变化	(1) 换向压力超过规定 (2) 换向流量超过规定 (3) 回油口背压过高	(1) 降低压力 (2) 更换规格合适的电液换向阀 (3) 调整背压使其在规定值内
	装配不良	电磁铁铁芯与阀芯轴线同轴度不良	重新装配，保证有良好的同轴度
电磁铁吸力不够	装配不良	(1) 推杆过长 (2) 电磁铁铁芯接触面不平或接触不良	(1) 修磨推杆到适宜长度 (2) 消除故障，重新装配达到要求
冲击与振动	换向冲击	(1) 大通径电磁换向阀，因电磁铁规格大，吸合速度快而产生冲击 (2) 液动换向阀，因控制流量过大，阀芯移动速度太快而产生冲击 (3) 单向节流阀中的单向阀钢球漏装或钢球破碎，不起阻尼作用	(1) 需要采用大通径换向阀时，应优先选用电液动换向阀 (2) 调小节流阀节流口减慢阀芯移动速度 (3) 检修单向节流阀
	振动	固定电磁铁的螺钉松动	紧固螺钉，并加防松垫圈

【复习延伸】

(1) 换向阀按操纵方式分有几类？各自特点是什么？

(2) "位"、"通"的含义是什么？

(3) 三位换向阀中位机能的含义是什么？常见的三位阀的中位机能有几种？各自功用特点是什么？

(4) 电磁换向阀与电液换向阀的应用有什么不同？

(5) 画出以下各种名称的方向阀的图形符号：

① 二位四通电磁换向阀；② 二位二通行程换向阀（常开）；③ 二位三通液动换向阀；④ 液控单向阀；⑤ 三位四通 M 型机能电液换向阀；⑥ 三位四通 Y 型电磁换向阀；⑦ 二位二通电磁换向阀（常闭）；⑧ 二位三通行程换向阀；⑨ 三位四通 H 型机能手动换向阀；⑩ 三位四通 K 型机能液动换向阀；⑪ 三位四通 O 型电磁换向阀。

项目 6
压力控制阀及其应用

◀ **知识目标**

(1)掌握压力控制阀的分类;

(2)掌握溢流阀、减压阀、顺序阀、压力继电器的结构及工作原理;

(3)掌握溢流阀、减压阀、顺序阀、压力继电器的图形符号。

◀ **能力目标**

(1)掌握溢流阀的应用;

(2)掌握减压阀的应用;

(3)掌握顺序阀的应用;

(4)掌握压力继电器的应用。

◀ 任务1 溢流阀的工作原理及其应用 ▶

【任务导入】

压力控制阀包括用来控制液压传动系统的压力或利用压力变化作为信号来控制其他元件动作的阀类。按其功能和用途不同,压力控制阀可分为溢流阀、减压阀、顺序阀和压力继电器等,它们是利用作用在阀芯上的液压力和弹簧力相平衡的原理来工作的,其中溢流阀在液压传动系统中应用最为广泛和重要。本任务重点分析溢流阀的结构和工作原理,最后讨论溢流阀的实际应用。

【任务分析】

掌握溢流阀的应用场合,首先要掌握溢流阀的结构及工作原理,熟悉它们的工作过程,认识它们的液压符号,掌握其功用。

【相关知识】

溢流阀的主要作用有两个:一个是在定量泵节流调速系统中,用来保持液压泵出口压力恒定,并使液压泵多余的油液流回油箱,这时的溢流阀起定压和溢流作用;另一个是在系统中起安全保护作用,在液压传动系统正常工作时溢流阀处于关闭状态,只是在系统压力大于或等于其调定压力时溢流阀才打开,使系统压力不再增加,对系统起过载保护作用。

根据其结构不同,溢流阀可分为直动式和先导式两种。

一、直动式溢流阀的结构及工作原理

直动式溢流阀的阀芯有锥阀式、球阀式和滑阀式三种形式。图 6-1 所示为直动式溢流阀的结构原理图和图形符号。

如图 6-1(a)所示,阀芯 3 在调压弹簧 4 的作用下压在阀座 2 上,阀体 1 上开有进油口 P 与出油口 T,油液压力从进油口 P 作用在阀芯上。当油液压力小于弹簧预压缩力时,阀芯压在阀座上不动,阀口关闭;当油液压力超过弹簧预压缩力时,阀芯离开阀座,阀口打开,油液便从油口 P 经出油口 T 流回油箱。

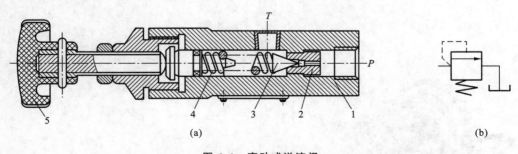

(a)　　　　　　　　　　　　　　　　　　(b)

图 6-1　直动式溢流阀

1—阀体;2—阀座;3—阀芯;4—调压弹簧;5—调节螺母

当溢流阀稳定工作时,作用在主阀芯上的液压力和弹簧力相平衡(阀芯的自重、摩擦力

等忽略不计),则有

$$pA = F_s \tag{6-1}$$

$$p = \frac{F_s}{A} = \frac{k(x_0 + \Delta x)}{A} \tag{6-2}$$

式中:p——进口压力;

F_s——调压弹簧作用力;

A——阀芯有效作用面积;

x_0——弹簧预压缩量;

Δx——弹簧预压缩量的附加压缩量。

当通过溢流阀的流量改变时,阀口开度也改变了,但因阀芯的移动量很小,作用在阀芯上的弹簧力的变化也很小,因此,当有油液流过溢流阀阀口时,溢流阀进口处的压力基本上保持定值。调节螺母可调节弹簧的预紧力,即可调节溢流阀的溢流压力(即系统压力)。

这种溢流阀因压力油直接作用于阀芯,故称为直动式溢流阀。滑阀式直动式溢流阀的阀芯上往往设有阻尼孔,其功用是对阀芯的运动形成阻尼,从而可避免阀芯产生振动,提高阀的工作平稳性。直动式溢流阀的特点是结构简单,反应灵敏,但在工作时易产生振动和噪声,压力波动大,一般用于小流量、压力较低的场合。控制较高压力或较大流量时,需要装刚度较大的硬弹簧,不但手动调节困难,而且阀口开度(弹簧压缩量)略有变化,便引起较大的压力波动,因而不易稳定。系统压力较高时需要采用先导式溢流阀。

二、先导式溢流阀的结构及工作原理

先导式溢流阀由先导调压阀和溢流主阀两个部分组成。其中先导调压阀类似于直动式溢流阀,多为锥阀结构。

图 6-2 所示为先导式溢流阀的结构原理图和图形符号。压力油自阀体的进油口 P 进入,并通过主阀芯上的轴向小孔 a 进入 A 腔,再由阀芯上的阻尼孔 b 进入 B 腔,又经 d 孔作用在先导阀的锥阀芯 8 上。当进口压力 p 较低、不足以克服调压弹簧 6 的弹簧力时,锥阀芯 8 关闭,主阀芯 2 上、下两端压力相等,同时由于主阀芯上、下两端有效面积比为 $1.03 \sim 1.05$,上端稍大,作用于主阀芯上的压力差和主阀芯弹簧力均使主阀口压紧,阀口 P 和 T 不通,溢流口关闭,不溢流。当进油压力升高,作用在锥阀芯 8 上的液压力大于调压弹簧 6 的弹簧力时,锥阀芯 8 被打开,压力油便经 c 孔、出油口 T 流回油箱。由于阻尼孔 b 的作用,使主阀芯 2 上端的 B 腔压力 p_1 小于下端压力 p,当这个压力差超过主阀弹簧 3 的作用力 F_s、主阀芯自重和摩擦力之和时,主阀芯开启,此时进油口 P 与出油口 T 直接相通,进行溢流。所调节的进口压力 p 也要经过一个过渡过程才能达到平衡状态。当溢流阀稳定工作时,作用在主阀芯上的液压力和弹簧力相平衡(阀芯的自重、摩擦力等忽略不计),则有

$$pA = p_1 A + F_s \tag{6-3}$$

式中:p——进口压力;

p_1——主阀芯上腔压力;

F_s——主阀芯弹簧力;

A——主阀芯有效作用面积。

由式(6-3)可知,由于 p_1 由先导阀弹簧调定,基本为定值;主阀芯上腔的主阀弹簧的刚度较小,且 F_s 的变化也较小。所以当溢流量发生变化时,溢流阀进口压力 p 的变化较小。

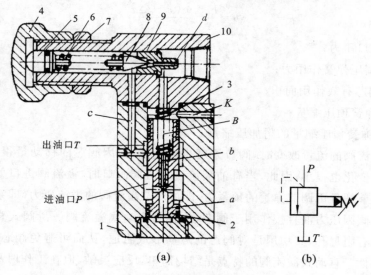

图 6-2 先导式溢流阀

1—主阀体;2—主阀芯;3—主阀弹簧;4—调节螺母;5—调节杆;6—调压弹簧;7—螺母;
8—锥阀芯;9—锥阀座;10—阀盖;a—轴向小孔;b—阻尼孔;c—小孔;d—小孔

更换不同刚度的调压弹簧,便能得到不同的调压范围。在主阀体上有一个远程控制口 K,当将此口通过二位二通阀接通油箱时,主阀上端的压力接近于零,主阀芯在很小的压力下便可移到上端,阀口开得最大,这时系统的油液在很低的压力下通过阀口流回油箱,实现卸荷作用。如果将 K 口接到另一个远程调压阀上(其结构与先导阀一样),当远程调压阀的调整压力小于先导阀的压力时,则主阀上端的压力(即溢流阀的溢流压力)就由远程调压阀来决定。使用远程调压阀后,便可对系统的溢流压力实行远程调节。

流经阻尼孔的流量即为流出先导阀的流量。这一部分流量通常称为泄油量。阻尼孔直径很小。泄油量只占全溢流量(额定流量)的极小的一部分(约1%),绝大部分油液均经主阀口溢回油箱。在先导式溢流阀中,先导阀的作用是控制和调节溢流压力,主阀的功能则在于溢流。先导阀阀口直径较小,即使在较高压力的情况下,作用在锥阀芯上的液压推力也不很大,因此调压弹簧的刚度不必很大,压力调整也就比较轻便。主阀芯因两端均受油压作用,主阀弹簧只需很小的刚度,当溢流量变化引起弹簧压缩量变化时,进油口的压力变化不大,故先导式溢流阀恒定压力的性能优于直动式溢流阀,所以,先导式溢流阀可被广泛地用于高压大流量场合。但先导式溢流阀是两级阀,其反应不如直动式溢流阀灵敏。

【任务实施】

一、实施环境

(1)液压气动综合实训室。

(2)液压传动综合实验台、溢流阀等液压元件。

二、实施过程

1. 溢流阀应用分析

1) 溢流稳压

利用溢流阀的溢流定压功能来调整系统或某部分压力恒定。如图 6-3 所示,溢流阀与泵并联,油泵输出的压力油只有一部分进入执行元件,多余的油经溢流阀流回油箱。溢流阀是常开的,由此使系统压力稳定在调定值附近,以保持系统压力恒定。

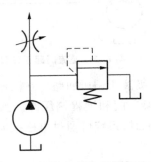

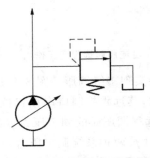

图 6-3   溢流阀起溢流稳压作用   图 6-4   溢流阀起安全保护作用

2) 安全保护

如图 6-4 所示,系统中安装了做安全阀用的溢流阀,以限制系统的最高压力。当压力超过调定值时,溢流阀打开溢流,保证系统安全工作。在正常工作时,溢流阀是常闭的,故其调定值应比系统的最高工作压力高10％～20％,以免溢流阀打开溢流时,影响系统正常工作。

3) 建立背压

如图 6-5 所示,将溢流阀安装在系统的回油路上,可对回油产生阻力,即造成执行元件的背压。回油路存在一定的背压,可以提高执行元件的运动稳定性。

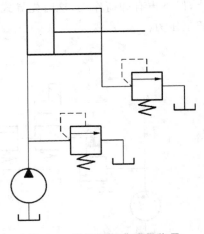

图 6-5   溢流阀起背压阀作用

4) 远程调压

先导式溢流阀与直动式远程调压阀(实际上就是一个小溢流量的直动式溢流阀)配合使用,可实现系统的远程调压。液压传动系统中的液压泵、液压阀通常都组装在液压站上,为使操作人员就近调压方便,在控制台上安装一个远程调压阀,如图 6-6 所示。为了获得较好的远程控制效果,还需注意两阀之间的油管不宜太长(最好在 3 m 之内),要尽量减小管内的压力损失,并防止管道振动。

5) 系统卸荷和多级调压

电磁溢流阀中的电磁换向阀可以是二位二通、二位四通或三位四通阀,并可具有将先导溢流阀的遥控口直接与油箱相通或通过二位二通电磁换向阀与油箱相通,可使泵和系统卸荷。如图 6-7 所示,当二位二通电磁换向阀的 P 口和 T 口处于接通状态时,系统中的油液在压力很小时便可从溢流阀的主阀芯流回油箱,使系统卸荷,泵空负荷运转。

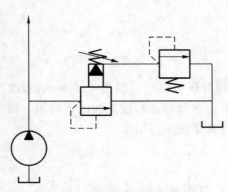

图 6-6　溢流阀起远程调压作用

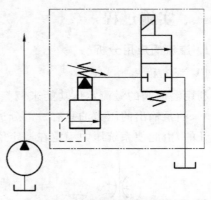

图 6-7　溢流阀起系统卸荷作用

　　溢流阀还能实现多级调压。图 6-8(a)所示为二级液压调压回路。在液压泵出口处并联一个先导溢流阀,其远程控制口串接二位二通电磁换向阀和远程调压阀。当先导溢流阀的调定压力 p_1 和远程调压阀的调定压力 p_2 符合 $p_1 > p_2$ 时,系统可通过电磁换向阀的下位和上位分别得到 p_1 和 p_2 两种系统调定压力。

　　在溢流阀的远程控制口处通过接入多位换向阀的不同油口,并联多个调压阀,即可构成多级调压回路。如图 6-8(b)所示,采用 O 型中位机能的三位三通阀,则可实现三级调压功能,但不再有卸荷作用,这时先导式溢流阀本身的调定压力要高于两个外接的远程调压阀的调定压力。

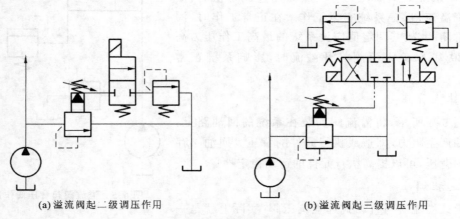

(a) 溢流阀起二级调压作用　　　　　　　　　　　(b) 溢流阀起三级调压作用

图 6-8　溢流阀多级调压回路

2. 实验验证

(1) 准备构成以上回路的元件器材。

(2) 连接安装回路。

(3) 演示回路工作过程,记录相关溢流阀不同工作状况与具体压力数值。

(4) 分析比较各种作用情况下溢流阀工作状况的区别。

3. 总结分析

总结分析回路工作特点,具体总结直动式溢流阀与先导式溢流阀的应用场所。

【相关拓展】

溢流阀常见的故障原因与排除方法如表 6-1 所示。

表 6-1　溢流阀常见的故障原因与排除方法

故障现象	原 因 分 析		排 除 方 法
调不上压力	主阀故障	(1) 主阀芯阻尼孔堵塞 (2) 主阀芯在开启位置卡死 (3) 主阀芯复位弹簧折断或弯曲,使主阀芯不能复位	(1) 清洗阻尼孔使之畅通;过滤或更换油液 (2) 拆开检修,重新装配;阀盖紧固螺钉的拧紧力要均匀;过滤或更换油液 (3) 更换弹簧
	先导阀故障	(1) 调压弹簧折断 (2) 调压弹簧未装 (3) 锥阀或钢球未装 (4) 锥阀损坏	(1) 更换弹簧 (2) 补装 (3) 补装 (4) 更换
压力调不高	主阀故障(若主阀为锥阀)	(1) 主阀芯锥面封闭性差 ① 主阀芯锥面磨损或不圆 ② 阀座锥面磨损或不圆 ③ 锥面处有污物黏住 ④ 主阀芯锥面与阀座锥面不同心 ⑤ 主阀芯工作有卡滞现象,阀芯不能与阀座严密结合 (2) 主阀压盖处有泄漏	(1) 检修更换 ① 更换并配研 ② 更换并配研 ③ 清洗并配研 ④ 修配使之结合良好 ⑤ 修配使之结合良好 (2) 拆开检修,更换密封垫,重新装配,并确保螺钉的拧紧力均匀
	先导阀故障	(1) 调压弹簧弯曲,或太弱,或长度过短 (2) 锥阀与阀座结合处封闭性差	(1) 更换弹簧 (2) 检修更换、清洗,使之达到要求
压力突然升高	主阀故障	主阀芯工作不灵敏,在关闭状态突然卡死	检修、更换零件,过滤或更换油液
	先导阀故障	(1) 先导阀阀芯与阀座结合面突然黏住,脱不开 (2) 调压弹簧弯曲造成卡滞	(1) 清洗修配或更换油液 (2) 更换弹簧
压力突然下降	主阀故障	(1) 主阀芯阻尼孔突然被堵死 (2) 主阀芯工作不灵敏,在关闭状态突然卡死 (3) 主阀盖处密封垫突然破损	(1) 清洗,过滤或更换油液 (2) 检修、更换零件,过滤或更换油液 (3) 更换密封件
	先导阀故障	(1) 先导阀阀芯突然破裂 (2) 调压弹簧突然折断	(1) 更换阀芯 (2) 更换弹簧

续表

故障现象		原因分析	排除方法
压力波动	主阀故障	(1) 主阀芯动作不灵活,有时有卡住现象 (2) 主阀芯阻尼孔有时堵、有时通 (3) 主阀芯锥面与阀座锥面接触不良,磨损不均匀 (4) 阻尼孔径太大,造成阻尼作用差	(1) 检修更换零件,压盖螺钉的拧紧力应均匀 (2) 拆开清洗,检查油质,更换油液 (3) 修配或更换零件 (4) 适当缩小阻尼孔径
	先导阀故障	(1) 调压弹簧弯曲 (2) 锥阀与锥阀座接触不良,磨损不均匀 (3) 调节压力的螺钉由于锁紧螺母松动而使压力变动	(1) 更换弹簧 (2) 修配或更换零件 (3) 调压后应把锁紧螺母锁紧
振动与噪声	主阀故障	主阀芯在工作时径向力不平衡,导致性能不稳定 (1) 阀体与主阀芯几何精度差,棱边有毛刺 (2) 阀体内黏附有污物,使配合间隙增大或不均匀	(1) 检查零件精度,对不符合要求的零件应更换,并把棱边毛刺去掉 (2) 检修更换零件
	先导阀故障	(1) 锥阀与阀座接触不良,圆周面的圆度不好,粗糙度数值大,造成调压弹簧受力不平衡,使锥阀振荡加剧,产生尖叫声 (2) 调压弹簧轴心线与端面不够垂直,这样针阀会倾斜,造成接触不均匀 (3) 调压弹簧偏向一侧 (4) 装配时阀座装偏 (5) 调压弹簧侧向弯曲	(1) 把封油面的圆度误差控制在0.005～0.01 mm以内 (2) 提高锥阀精度,粗糙度 Ra 应达0.4 μm (3) 更换弹簧 (4) 提高装配质量 (5) 更换弹簧
振动与噪声	系统存在空气	泵吸入空气或系统存在空气	排除空气
	阀使用不当	通过流量超过允许值	在额定流量范围内使用
	回油不畅	回油管路阻力过高,或回油过滤器堵塞,或回油管贴近油箱底面	适当增大管径,减少弯头,回油管口应离油箱底面2倍管径以上,更换滤芯
	远控口管径选择不当	溢流阀远控口至电磁阀之间的管子孔径不宜过大,过大会引起振动	一般管径取6 mm较适宜

【复习延伸】

（1）溢流阀分为哪几类？各自特点是什么？

（2）溢流阀有哪些作用？在不同作用的场合，溢流阀的阀芯工作状态是否相同？

（3）先导式溢流阀中的阻尼小孔有何作用，若将阻尼小孔堵塞或加工成大的通孔，会出现什么故障？

（4）先导式溢流阀远程控油口可以实现什么功能？

（5）先导式溢流阀的远程调压口和卸荷口起什么作用？若溢流阀的卸荷口接通油箱时，通过溢流阀的油液是否全部经卸荷口回油箱？

（6）如题图 6-1 所示，各溢流阀的调整压力分别为：溢流阀 1 压力为 5 MPa，溢流阀 2 压力为 4 MPa，溢流阀 3 压力为 3 MPa。若系统的外负载趋于无限大时，泵出口的压力各为多少？

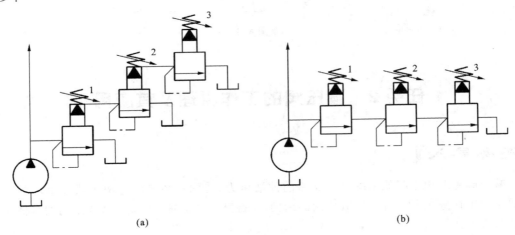

题图 6-1

（7）如题图 6-2 所示，各溢流阀的调整压力分别为：溢流阀 1 压力为 5 MPa，溢流阀 2 压力为 4 MPa，溢流阀 3 压力为 3 MPa。试分析在二位二通电磁换向阀 4、5、6 的电磁铁的不同通电情况下，液压泵出口最多可以有多少种出口压力，列出其电磁铁的动作顺序表及相应调整的压力数值。

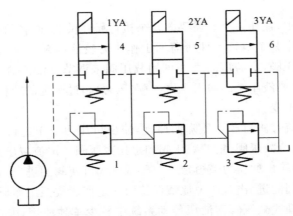

题图 6-2

（8）分析题图 6-3 所示的液压回路,并分析其调压与执行元件运动方向的关系。

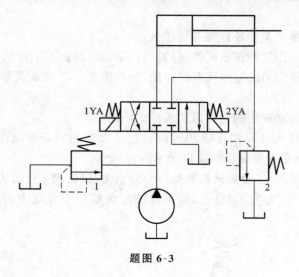

题图 6-3

◀ 任务 2　减压阀的工作原理及其应用 ▶

【任务导入】

减压阀主要用于降低系统某一支路的油液压力,使同一系统能有两个或多个不同压力的回路。本任务主要通过分析减压阀的结构,掌握其工作原理,进而掌握减压阀的具体应用与调节方法。

【任务分析】

掌握减压阀的应用场合,首先要掌握减压阀的结构及工作原理,熟悉它们的工作过程,认识它们的液压符号,掌握其功用。

【相关知识】

在液压传动系统中,往往一个泵需要向几个执行元件供油,而各执行元件所需的工作压力不尽相同。如果其中某个执行元件所需的工作压力较液压泵的供油压力低时,可在该分支油路中串联一个减压阀,所需压力大小可用减压阀来调节。油液流经减压阀后能使压力降低,并保持恒定。只要液压阀的输入压力(一次压力)超过调定的数值,二次压力就不受一次压力的影响而保持不变。

减压阀利用流体流过阀口产生压降的原理,使出口压力低于进口压力。按调节要求的不同,减压阀可分为定值减压阀、定差减压阀和定比减压阀。定值减压阀是使进入阀体的压力减小后输出,并保持输出的压力值恒定。定差减压阀可使阀的进、出口压力差保持为恒定值。定比减压阀可使阀的进、出口压力比值保持为恒定值。按照工作原理,减压阀也有直动式和先导式之分。直动式减压阀在液压传动系统中较少单独使用,采用直动式结构的定差减压阀仅作为调速阀的组成部分来使用。先导式减压阀应用较多。

一、减压阀的结构及工作原理

1. 直动式减压阀

图 6-9 所示为直动式减压阀的结构原理图和图形符号。当阀芯处在原始位置上时，它的阀口 a 是打开的，阀的进、出口接通，阀芯由出口处的压力控制，出口压力未达到调定压力时阀口全开，阀芯不动。当出口压力达到调定压力时，阀芯上移，阀口关小，节流口产生压降 Δp，则有 $p_2 = p_1 - \Delta p$。如忽略其他阻力，仅考虑阀芯的液压力和弹簧力平衡的条件，则可以认为出口压力基本维持在某一定位（调定值）上。

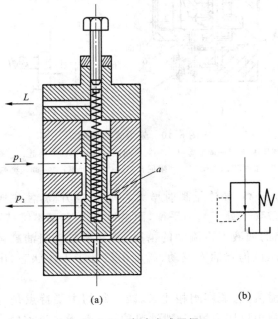

图 6-9 直动式减压阀

这时如出口压力减小，阀芯下移，阀口开大，阀口处阻力减小，压降减小，使出口压力回升，达到调定值；反之，如出口压力增大，则阀芯上移，阀口关小，阀口处阻力加大，压降增大，使出口压力下降，达到调定值。所以减压阀在减压同时还有稳压的作用。

这种阀是靠阀口的节流作用减压，靠阀芯上力的平衡作用来稳定输出压力，调节旋钮可调节输出压力，它能使出口压力降低并保持恒定，故称为定值输出减压阀，通常称减压阀。

2. 先导式减压阀

如图 6-10 所示为先导式减压阀的结构原理图和图形符号。该阀由先导阀调压，主阀减压。进口压力 p_1 经减压阀减压后变为 p_2（即出口压力），出口压力油通过阀体 6 下部和端盖 8 上的通道进入主阀下腔，再经主阀上的阻尼孔 9 进入主阀上腔和先导阀前腔，然后通过锥阀座 4 中的孔，作用在锥阀上。当出口压力低于调定压力时，先导阀口关闭，阻尼孔中没有液体流动，主阀上、下两端的油压力相等，主阀在弹簧力作用下处于最下端位置，减压口全开，不起减压作用。当出口压力超过调定压力时，出油口部分液体经阻尼孔、先导阀口、阀盖 5 上的泄油口 L 流回油箱。由于阻尼孔中有液体流动，使主阀上、下腔产生压力差，当此压力差所产生的作用力大于主阀弹簧力时,主阀上移,使减压口关小,减压作用增强,直至出口压力 p_2 稳定在先导阀所调定的压力值。

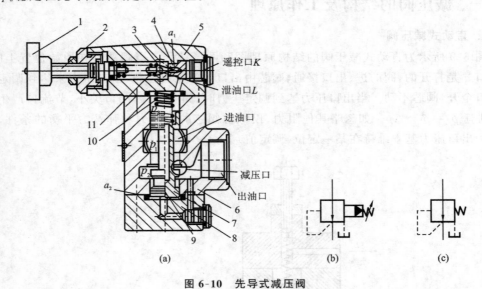

图 6-10　先导式减压阀

1—调压手轮;2—调节螺钉;3—先导阀;4—锥阀座;5—阀盖;6—阀体;
7—主阀芯;8—端盖;9—阻尼孔;10—主阀弹簧;11—调压弹簧

如果外来干扰使 p_1 升高(如流量瞬时增大),则 p_2 也升高,使主阀上移,减压口减小,p_2 又降低,使阀芯在新的位置上处于受力平衡,而出口压力 p_2 基本维持不变。

当减压阀出口油路的油液不再流动的情况下(如夹紧支路油缸运动到终点后),由于先导阀泄油仍未停止,减压口仍有油液流动,阀就仍然处于工作状态,出口压力也就保持调定数值不变。

由此可以看出,与溢流阀、顺序阀相比较,减压阀的主要特点是:阀口常开,从出口引压力油去控制阀口开度,使出口压力恒定,泄油单独接入油箱。这些特点在它们的元件符号上都有所反映。

二、减压阀的主要性能

1. 调压范围

调压范围是指减压阀输出压力的可调范围,在此范围内要求达到规定的精度。

2. 压力特性

压力特性是指流量为定值时,减压阀输入压力波动而引起输出压力波动的特性。输出压力波动越小,减压阀的特性越好,输出压力应该比输入压力低于一定值时,才基本上不随输入压力的变化而变化。

3. 流量特性

流量特性是指输入压力为定值时,输出压力随输出流量的变化而变化的特性。当流量发生变化时,输出压力的变化越小越好,一般输出压力越低,它随输出流量的变化波动就越小。

三、其他类型减压阀

1. 定差减压阀

定差减压阀可使阀的进、出口压力差保持为恒定值。图 6-11 所示为定差减压阀的结构原理图和图形符号。高压油经节流口减压后以低压流出,同时低压油经阀芯中心孔将压力传至阀芯左腔,其进、出油压在阀芯有效作用面积上的压力差与弹簧力相平衡。只要尽量减小弹簧刚度并使其压缩量变化量远小于预压缩量,这样可以近似认为弹簧力基本保持不变,便可使压力差近似保持为定值。

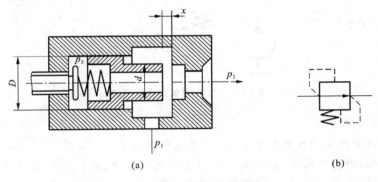

(a)   (b)

图 6-11 定差减压阀

定差减压阀很少单独使用,定差减压阀通常与节流阀组合构成调速阀,可使其节流阀两端压差保持恒定,使通过节流阀的流量基本不受外界负荷变动的影响。

2. 定比减压阀

定比减压阀的阀芯设计为两端大小不同的截面 A_1 和 A_2,其中 A_1 小于 A_2,并成一定比例,减压阀的进、出口压力分别作用于两端面,并且阀芯上作用的弹簧刚度非常软,弹簧力可以忽略不计,所以阀芯两端液压作用力平衡,$p_1 A_1 = p_2 A_2$,因此进、出口压力与阀芯的有效作用面积成反比。

【任务实施】

一、实施环境

(1) 液压气动综合实训室。

(2) 液压传动综合实验台、液压泵、减压阀等元件。

二、实施过程

1. 减压阀应用分析

1) 单级减压回路

一般定位、夹紧、分度、控制等支路往往需要稳定的低压,因此该支路只需串接一个减压阀构成减压回路。通常,在减压阀后要设单向阀,以防止系统压力降低时(如另一执行元件空载快进)工作介质倒流,并可短时保压。如图 6-12 所示为常用的单级减压回路。为使减压回路可靠地工作,减压阀的最高调整压力应比系统压力低于一定的数值。例如,中、高压系列减压阀应低出约 1 MPa（中、低压系列减压阀低出约 0.5 MPa），否则减压阀不能正常工作。

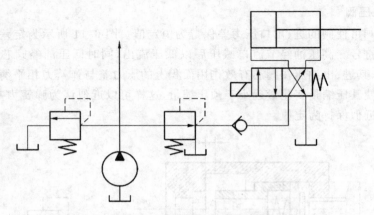

图 6-12　减压阀单级减压回路

2）多级减压回路

利用先导式减压阀的远程控制口 K 外接远程调压阀，可实现二级、三级等减压回路。图 6-13 所示为二级减压回路，泵的出口压力由溢流阀调定，远程调压阀通过二位二通换向阀控制，才能获得二级压力，但必须满足远程调压阀的调定压力小于先导阀减压阀的调定压力的要求，否则不起作用。

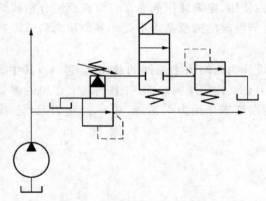

图 6-13　减压阀二级减压回路

当减压支路的执行元件速度需要调节时，节流元件应装在减压阀出口，因为减压阀起作用时，有少量泄油从先导阀流回油箱，节流元件装在出口，可避免泄油对节流元件调定的流量产生影响。若减压阀出口压力比系统压力低得多，会增加功率损失和系统温升，必要时可用高低压双泵分别供油。

2. 减压阀调节注意要点

（1）为使减压回路工作可靠，减压阀出口压力的最低调整压力值不应低于 0.5 MPa。

（2）为使减压回路工作可靠，减压阀出口压力最高调整压力至少比系统压力低 0.5 MPa。

（3）当减压回路中的执行元件需要调速时，调速元件应放在减压阀后面，以免减压阀的泄漏影响调速。

3．实验验证

（1）准备构成以上回路的元件器材。

（2）连接安装回路。

（3）演示回路工作过程。

（4）验证回路的调压功能、熟悉减压阀调节方法。

4．总结分析

总结分析回路的工作特点。

【相关拓展】

减压阀常见的故障原因与排除方法如表 6-2 所示。

表 6-2　减压阀常见的故障原因与排除方法

故障现象		原 因 分 析	排 除 方 法
无二次压力	主阀故障	主阀芯在全闭位置卡死；主阀弹簧折断，弯曲变形；阻尼孔堵塞	修理、更换零件和弹簧，过滤或更换油液
	无油源	未向减压阀供油	检查油路消除故障
不起减压作用	使用错误	泄油口不通 （1）螺塞未拧开 （2）泄油管细长，弯头多，阻力大 （3）泄油管与主回油管道相连，回油背压太大 （4）泄油通道堵塞、不通	（1）将螺塞拧开 （2）更换符合要求的管子 （3）泄油管必须与回油管道分开，单独流回油箱 （4）清洗泄油通道
	主阀故障	主阀芯在全开位置时卡死	修理、更换零件，检查更换油液
	锥阀故障	调压弹簧太硬，弯曲并卡住	更换弹簧
二次压力不稳定	主阀故障	（1）主阀芯与阀体几何精度差，工作时不灵敏 （2）主阀弹簧太弱，变形或卡住，使阀芯移动困难 （3）阻尼小孔时堵时通	（1）检修，使其动作灵活 （2）更换弹簧 （3）清洗阻尼小孔
二次压力升不高	外泄漏	（1）顶盖结合面漏油 （2）各丝堵处有漏油	（1）更换密封件，紧固螺钉，并保证力矩均匀 （2）紧固并消除外漏
	锥阀故障	（1）锥阀与阀座接触不良 （2）调压弹簧太弱	（1）修理或更换 （2）更换

【复习延伸】

（1）从结构原理和图形符号上，说明溢流阀、减压阀的异同？

（2）减压阀使用过程中调节注意要点。

（3）如题图 6-4 所示，溢流阀调节压力为 5 MPa，减压阀调定压力为 2.5 MPa，液压缸无杆腔的有效作用面积 $A=50$ cm²，液流通过单向阀和非工作状态下的减压阀时，压力损失分别为 0.2 MPa 和 0.3 MPa，当负载 F 分别为 0 kN、75 kN 和 30 kN 时，①液压缸能否移动？②A、B 和 C 点压力数值各为多少？

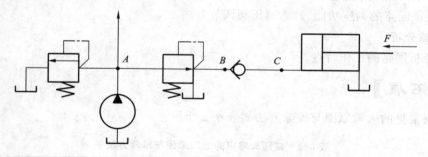

题图 6-4

（4）简述定差减压阀的工作原理。

（5）定值减压阀的远控油口有什么作用？

（6）现有两个压力阀，由于铭牌失落，分不清哪个是溢流阀，哪个是减压阀。在不拆散液压阀的条件下，如何根据其特点作出正确判断？

（7）如题图 6-5 所示液压回路中，两液压缸活塞面积相同，即 $A=0.02$ m²，负载 $F_1=80$ kN，$F_2=40$ kN，若溢流阀调定压力为 4.5 MPa，试分析减压阀调整数值分别为 1 MPa、2 MPa、4 MPa 时，两个缸的运动情况。

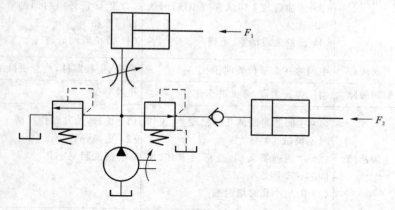

题图 6-5

◀ 任务3 顺序阀的工作原理及其应用 ▶

【任务导入】

顺序阀在液压传动系统中犹如自动开关，用来控制多个执行元件的顺序动作。本任务主要通过分析顺序阀的结构原理，掌握其工作原理，进而掌握顺序阀的具体应用。

【任务分析】

掌握顺序阀的应用场合,首先要掌握顺序阀的结构及工作原理,熟悉它们的工作过程,认识它们的液压符号,掌握其功用。

【相关知识】

顺序阀利用系统中油液压力的变化来控制油路的通断,从而控制多个执行元件的顺序动作。按照控制方式的不同,顺序阀可分内控式和外控式两种;按照工作原理和结构的不同,又可分为直动式和先导式两类。

一、直动式顺序阀的结构及工作原理

顺序阀的结构及工作原理与溢流阀的基本相同,唯一不同的是顺序阀的出口不是接通油箱,而是接到系统中继续用油之处,其压力数值由出口负载决定。因此,顺序阀的内泄漏不能用通道直接引导到顺序阀的出口,而是由专门的泄漏口经阀外管道通到油箱。

图 6-14(a)所示为直动式顺序阀的结构原理图。压力油流入,经阀体、端盖的通道,作用到控制活塞的底部,使阀芯受到一个向上的作用力。当进油压力低于调压弹簧的调定压力时,阀芯在弹簧的作用下处于下端位置,进油口和出油口不通;当进油压力增大到大于弹簧的

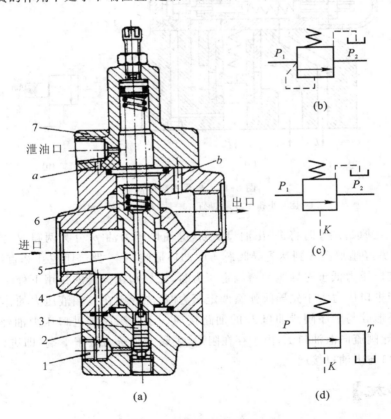

图 6-14 直动式顺序阀
1—螺堵;2—下阀盖;3—控制活塞;4—阀体;5—阀芯;6—弹簧;7—上阀盖

调定压力时,阀芯上移,进油口和出油口连通,油液从顺序阀流过。顺序阀的开启压力可由调压弹簧调节,顺序阀为使执行元件准确地实现顺序动作,要求阀的调压偏差小,因此调压弹簧的刚度要小,阀在关闭状态下的内泄漏量也要小。直动式顺序阀的工作压力和通过阀的流量都有一定的限制,最高控制压力也不太高。对性能要求较高的高压大流量系统,需采用先导式顺序阀。

图 6-14(a)所示控制油液直接来自进油口,这种控制方式称为内控式;若将底盖旋转 90°安装,并将外控口打开,可得到外控式。泄油口单独接回油箱,这种形式称为外泄;当阀出油口接油箱,还可经内部通道接油箱,这种泄油方式称为内泄。图 6-14(b)所示为内控外泄式顺序阀图形符号,图 6-14(c)所示为外控外泄式顺序阀图形符号,图 6-14(d)所示为外控内泄式顺序阀图形符号(卸荷阀)。

二、先导式顺序阀的结构及其原理

先导式顺序阀的结构与先导式溢流阀的大体相似,其工作原理也基本相同。图 6-15 所示为 DZ 型先导式顺序阀的结构原理图和图形符号。

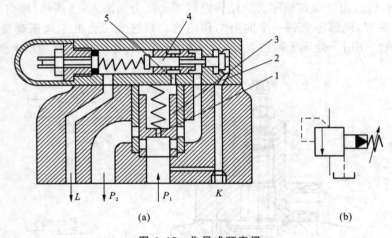

(a)   (b)

图 6-15　先导式顺序阀
1—阻尼小孔;2、5—阻尼孔;3—主阀芯;4—先导阀芯

主阀芯 3 在原始位置时将进、出油口切断,进油口压力油 p_1 分为两路,一路经阻尼小孔 1 入主阀上腔并经阻尼孔 5 到达先导阀芯 4 中部环形腔,另一路经阻尼孔 2 直接作用在先导阀右端。当进口压力低于先导阀弹簧调定压力时,先导阀在弹簧的作用下处于图示位置,顺序阀关闭。当进口压力大于先导阀弹簧调定压力时,先导阀在右端液压力的作用下左移,将先导阀中部环形腔与顺序阀泄油口 L 的油路接通。于是顺序阀进口压力油经阻尼小孔 1、主阀上腔、先导阀流向泄油口 L,由于存在阻尼,主阀上腔压力低于下端(即进口)压力,主阀芯开启,进油口与出油口接通。

【任务实施】

一、实施环境

(1)液压气动综合实训室。

（2）液压传动综合实验台、液压泵、顺序阀、液压缸等元件。

二、实施过程

1. 顺序阀应用分析

1）顺序动作回路

为了使多缸液压传动系统中的各个液压缸严格地按规定的顺序动作，可设置图 6-16 所示单向顺序阀组成的顺序动作回路。在这个回路中，当换向阀左位接入回路且左顺序阀 1 的调定压力大于右液压缸的最大工作压力时，压力油先进入右液压缸的左腔，实现缸的右向动作（1）。当这个动作完成后，系统中压力升高，压力油打开左顺序阀 1 进入左液压缸的左腔，实现缸的右向动作（2）。同样地，当换向阀右位接入回路且右顺序阀 2 的调定压力大于左液压缸的最大返回工作压力时，两液压缸按相反的顺序返回。这种顺序动作回路的可靠性，取决于顺序阀的性能及压力调定值，后一个动作的压力必须比前一个动作的压力高出 0.8~1 MPa。顺序阀打开和关闭的压力差值不能过大，否则顺序阀会在系统压力波动时造成误动作，引起事故。因此，这种回路只适用于系统中液压缸数目不多、负载变化不大的场合。

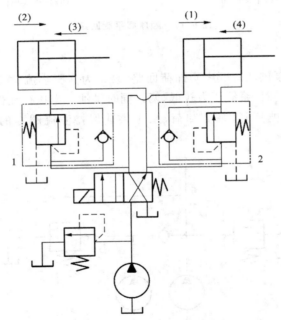

图 6-16　单向顺序阀控制顺序动作回路

2）平衡回路

为了防止立式液压缸及其工作部件在悬空停止期间因自重而自行下滑和工作时防止重物因自重产生超速下降，可设置由顺序阀组成的平衡回路。图 6-17(a) 所示为采用单向顺序阀组成的平衡回路。顺序阀的开启压力要足以支承运动部件的自重。当换向阀处于中位时，液压缸即可悬停。但活塞下行时有较大的功率损失。为此可采用外控单向顺序阀，如图 6-17(b) 所示，下行时控制压力油打开顺序阀，背压较小，提高了回路的效率，但由于顺序阀的泄漏，悬停时运动部件总要缓缓下降。

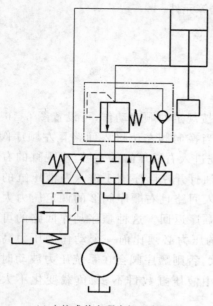

(a)内控式单向顺序阀平衡回路

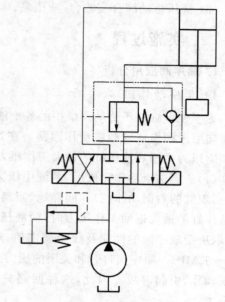

(b)外控式单向顺序阀平衡回路

图 6-17　顺序阀平衡回路

3）卸荷回路

图 6-18 所示为双泵供油的顺序阀卸荷回路,泵 1 为高压小流量泵,泵 2 为低压大流量泵,当执行元件快速运动时,系统压力较低,两泵同时供油。当执行元件慢速运动时,油路压力升高,外控顺序阀 4 被打开,泵 2 卸荷,泵 1 供油保持溢流阀 3 的调定压力,满足系统需求。

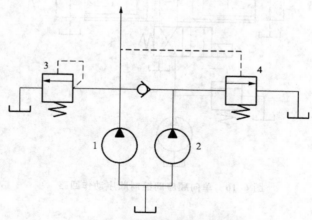

图 6-18　顺序阀卸荷回路

2. 实验验证

(1)准备构成以上回路的元件器材。

(2)连接安装回路。

(3)演示回路工作过程。

(4)验证回路的调压功能、熟悉顺序阀调节方法。

3. 总结分析

总结分析回路工作特点。

【相关拓展】

顺序阀常见的故障原因与排除方法如表 6-3 所示。

表 6-3 顺序阀常见的故障原因与排除方法

故障现象	原 因 分 析	排 除 方 法
始终出油,不起顺序阀作用	(1) 阀芯在打开位置上卡死(如几何精度差,间隙太小;弹簧弯曲,断裂;油液太脏) (2) 单向阀在打开位置上卡死(如几何精度差,间隙太小;弹簧弯曲、断裂;油液太脏) (3) 单向阀密封不良(如几何精度差) (4) 调压弹簧断裂 (5) 调压弹簧漏装 (6) 未装锥阀或钢球	(1) 修理,使配合间隙达到要求,并使阀芯移动灵活;检查油质,若不符合要求应过滤或更换;更换弹簧 (2) 修理,使配合间隙达到要求,并使单向阀芯移动灵活;检查油质,若不符合要求应过滤或更换;更换弹簧 (3) 修理,使单向阀的密封良好 (4) 更换弹簧 (5) 补装弹簧 (6) 补装
始终不出油,不起顺序阀作用	(1) 阀芯在关闭位置上卡死(如几何精度差;弹簧弯曲;油液脏) (2) 控制油液流动不畅通(如阻尼小孔堵死,或远控管道被压扁堵死) (3) 远控压力不足,或下端盖结合处漏油严重 (4) 通向调压阀油路上的阻尼孔被堵死 (5) 泄油管道中背压太高,使滑阀不能移动 (6) 调节弹簧太硬,或压力调得太高	(1) 修理,使滑阀移动灵活,更换弹簧;过滤或更换油液 (2) 清洗或更换管道,过滤或更换油液 (3) 提高控制压力,拧紧端盖螺钉并使之受力均匀 (4) 清洗 (5) 泄油管道不能接在回油管道上,应单独接回油箱 (6) 更换弹簧,适当调整压力
调定压力值不符合要求	(1) 调压弹簧调整不当 (2) 调压弹簧侧向变形,最高压力调不上去 (3) 滑阀卡死,移动困难	(1) 重新调整所需要的压力 (2) 更换弹簧 (3) 检查滑阀的配合间隙,修配,使滑阀移动灵活;过滤或更换油液
振动与噪声	(1) 回油阻力(背压)太高 (2) 油温过高	(1) 降低回油阻力 (2) 控制油温在规定范围内
单向顺序阀反向不能回油	单向阀卡死打不开	检修单向阀

【复习延伸】

(1) 从结构原理和图形符号上,说明溢流阀、减压阀、顺序阀异同?

(2) 简述顺序阀的作用和应用场合。

(3) 外控式单向顺序阀平衡回路与内控式单向顺序阀平衡回路有何异同?

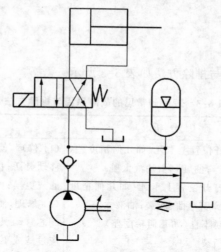

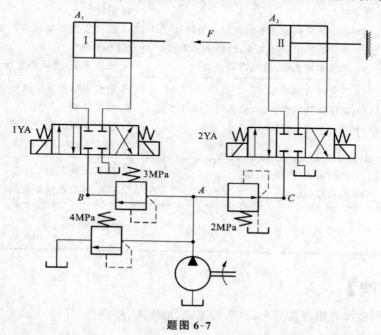

（4）分析题图 6-6 所示回路，简述其功能与工作原理。

题图 6-6

（5）题图 6-7 所示为某液压传动系统，液压缸的有效面积 $A_1=A_2=100\ cm^2$，缸 I 负载 $F=35\,000\ N$，缸 II 运动时负载为零，不计摩擦阻力、惯性力和管路损失。溢流阀、顺序阀和减压阀的调整压力分别为 4 MPa、3 MPa 和 2 MPa。求在下列三种工况下 A、B 和 C 处的压力：

① 液压泵启动后，两换向阀处于中位；

② 1YA 有电，液压缸 I 运动时，以及到终点停止运动时；

③ 1YA 断电，2YA 有电，液压缸 II 运动时，以及碰到固定挡块停止运动时。

题图 6-7

（6）如题图 6-8 所示，$A_1=80\ cm^2$，$A_2=40\ cm^2$，立式液压缸活塞与运动部件总重量为

6 000 N,活塞运动时摩擦阻力 2 000 N,向下进给时工作负载 $F=24\ 000$ N。系统停止工作时保证活塞不因自重下滑。试求：① 顺序阀的最小调定压力为多少？② 溢流阀的最小调定压力为多少？

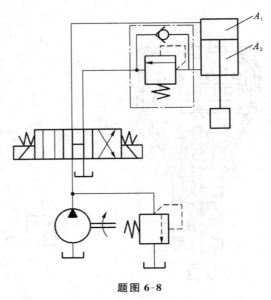

题图 6-8

◀ 任务 4　压力继电器的工作原理及其应用 ▶

【任务导入】

压力继电器是一种液-电信号转换元件,它能将压力信号转换为电信号。本任务主要通过分析压力继电器的结构原理,掌握其工作原理,进而掌握压力继电器的具体应用。

【任务分析】

掌握压力继电器的应用场合,首先要掌握该元件的结构及其工作原理,熟悉它们的工作过程,认识它们的液压符号,掌握其功用。

【相关知识】

任何压力继电器都由压力-位移转换装置和微动开关两部分组成。当控制油压达到调定值时,便触动电气开关发出信号,控制电气元件(如电动机、电磁铁、电磁离合器等)动作,实现泵的加载或卸载、执行元件顺序动作、系统安全保护和元件动作连锁等。压力继电器有柱塞式、膜片式、弹簧管式和波纹管式等几种结构形式,柱塞式最常用。

一、压力继电器的结构及其工作原理

图 6-19 所示为柱塞式压力继电器的结构原理图和图形符号,当从压力继电器下端进油

口 P 进入的油压力达到调定压力值时,推动柱塞上移,此位移通过顶杆推动微动开关动作,使其发出电信号控制液压元件动作。改变弹簧的压缩量,就可以调节压力继电器的动作压力。

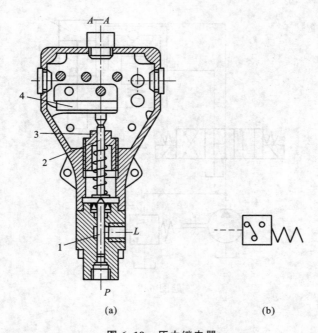

图 6-19　压力继电器

1—柱塞;2—顶杆;3—调压螺钉;4—微动开关

二、压力继电器的性能指标

1. 调压范围

调压范围即发出电信号的最低和最高工作压力间的范围。拧动调节螺钉或螺母,可调整工作压力。

2. 通断返回区间

压力继电器进口压力升高使其发出信号时的压力称为开启压力,进口压力降低切断电信号时的压力称为闭合压力。开启时,柱塞、顶杆移动时所受的摩擦力方向与压力方向相反,闭合时则相同,故开启压力比闭合压力大,两者之差称为通断返回区间。通断返回区间要有足够的数值;否则,系统有压力脉动时,压力继电器发出的电信号会时断时续。为此,有的产品在结构上可人为地调整摩擦力的大小,使通断返回区间的数值可调。

【任务实施】

一、实施环境

(1) 液压气动综合实训室。

(2) 液压传动综合实验台、液压泵、液压缸、压力继电器等元件。

二、实施过程

1. 压力继电器应用分析

1）泵卸荷蓄能器保压回路

图 6-20 所示为泵卸荷蓄能器保压回路。当电磁换向阀 6 右位工作时,泵向蓄能器 3 和液压缸 7 无杆腔供油,推动活塞向右运动并夹紧工件;当供油压力升高,并达到蓄能器 3 的调整压力时,压力继电器 4 发出电信号,指令二位二通电磁阀电磁铁 3YA 通电,使泵卸荷,单向阀 2 反向截止,液压缸 7 可由蓄能器 3 保压。当液压缸 7 的压力下降时,压力继电器复位,二位二通电磁阀电磁铁 3YA 断电,泵重新向系统供油。该回路保压时间长短取决于蓄能器的容量,调节压力继电器的工作区间就可以调节液压缸压力的最大和最小值。

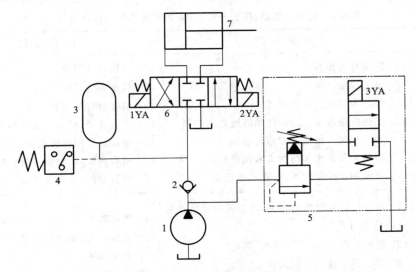

图 6-20　泵卸荷蓄能器保压回路

2）压力继电器控制顺序动作回路

图 6-21 所示为用压力继电器控制顺序动作回路,该回路为多缸系统,一缸保压。支路工作中,当油液压力达到压力继电器的调定值时,压力继电器发出电信号,使主油路主动作;当主油路压力低于支路压力时,单向阀关闭,支路由蓄能器保压并补偿泄漏。

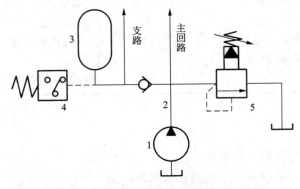

图 6-21　压力继电器控制顺序动作回路

2. 实验验证

(1) 准备构成以上回路的元件器材。

(2) 连接安装回路。

(3) 演示回路工作过程。

(4) 验证回路的调压功能、熟悉压力继电器连线方法。

3. 总结分析

总结分析回路工作特点。

【相关拓展】

压力继电器(压力开关)常见的故障原因与排除方法如表 6-4 所示。

表 6-4　压力继电器(压力开关)常见的故障原因与排除方法

故障现象	原因分析	排除方法
无输出信号	(1) 微动开关损坏 (2) 电气线路故障 (3) 阀芯卡死或阻尼孔堵死 (4) 进油管路弯曲、变形,使油液流动不畅通 (5) 调节弹簧太硬或压力调得过高 (6) 与微动开关相接的触头未调整好 (7) 弹簧和顶杆装配不良,有卡滞现象	(1) 更换微动开关 (2) 检查原因,排除故障 (3) 清洗,修配,达到要求 (4) 更换管子,使油液流动畅通 (5) 更换适宜的弹簧或按要求调节压力值 (6) 精心调整,使触头接触良好 (7) 重新装配,使动作灵敏
灵敏度太差	(1) 顶杆柱销处摩擦力过大,或钢球与柱塞接触处摩擦力过大 (2) 装配不良,动作不灵活或"别劲" (3) 微动开关接触行程太长 (4) 调整螺钉、顶杆等调节不当 (5) 钢球不圆 (6) 阀芯移动不灵活 (7) 安装不当,如不平和倾斜安装	(1) 重新装配,使动作灵敏 (2) 重新装配,使动作灵敏 (3) 合理调整位置 (4) 合理调整螺钉和顶杆位置 (5) 更换钢球 (6) 清洗、修理,达到灵活 (7) 改为垂直或水平安装
发信号太快	(1) 进油口阻尼孔大 (2) 膜片碎裂 (3) 系统冲击压力太大 (4) 电气系统设计有误	(1) 阻尼孔适当改小,或在控制管路上增设阻尼管(蛇形管) (2) 更换膜片 (3) 在控制管路上增设阻尼管,以减弱冲击压力 (4) 按工艺要求设计电气系统

【复习延伸】

(1) 简述压力继电器的工作原理。

(2) 简要说明压力继电器三个接线柱接线的区别。

(3) 分析图 6-20、图 6-21 压力继电器回路,总结回路中压力继电器的接入点压力特点。

项目 7
流量控制阀及其应用

◀ **知识目标**

    (1)掌握流量控制阀的分类;

    (2)掌握节流阀、调速阀的结构及工作原理;

    (3)掌握节流阀、调速阀的图形符号。

◀ **能力目标**

    (1)掌握节流阀的应用;

    (2)掌握调速阀的应用。

◀ 任务1　节流阀的工作原理及其应用 ▶

【任务导入】

在液压与气压传动系统中,调速回路占有重要地位。例如,在机床液压传动系统中,用于主运动和进给运动的调速回路对机床加工质量有着重要的影响,而且,它对其他液压回路的选择起着决定性的作用。

在不考虑泄漏的情况下,缸的运动速度 v 由进入(或流出)缸的流量 q 及其有效工作面积 A 决定,即 $v=q/A$。同样,马达的转速由进入马达的流量 q 和马达的单转排量 V 决定,即 $n=q/V$。

由上述两式可知,改变流入(或流出)执行元件的流量 q,或改变缸的有效工作面积 A、马达的排量 V,均可调节执行元件的运动速度。一般来说,改变缸的有效工作面积比较困难,常常通过改变流量 q 或排量 V 来调节执行元件的速度,并且以此为基点可构成不同方式的调速回路。改变流量有两种办法:其一是在定量泵和流量阀组成的系统中用流量控制阀调节,其二是在变量泵组成的系统中用控制变量泵的排量调节。综合上述分析,调速回路按改变流量的方法不同可分为三类:节流调速回路、容积调速回路和容积节流调速回路。

流量控制阀是通过改变节流口通流面积的大小或通流通道的长短来改变局部阻力的大小,从而实现对流量的控制。流量控制阀有节流阀、调速阀、溢流节流阀和分流集流阀等,其中节流阀与调速阀应用最为广泛。本任务从分析节流原理入手,分析节流阀的结构与工作原理,最终分析节流阀在各种节流调速回路中的应用。

【任务分析】

掌握节流阀的应用场合,首先要掌握节流阀的结构及工作原理,熟悉它们的工作过程,认识它们的液压符号,掌握其功用。

【相关知识】

一、节流原理与节流特性

1. 节流基本原理

由薄壁小孔、细长小孔的流量公式可以归纳出孔口流量公式

$$q=KA\Delta p^{m} \tag{7-1}$$

式中: K ——由流经小孔的油液性质所决定的系数;

　　　A ——小孔的通流截面积;

　　　Δp ——通过小孔前后的压差;

　　　m ——由小孔形状所决定的指数;薄壁小孔 $m=0.5$,厚壁小孔 $0.5<m<1$,细长小孔 $m=1$。

由式(7-1)可知,孔口采用何种方式,其通过流量受流量系数、通流截面积、前后的压差的影响,节流阀口采用孔口形式,所以当改变阀口通流截面积 A 时,可以改变通过阀口的流量。

2. 节流阀的流量特性

节流阀的流量特性取决于其节流口的结构形式,实际的节流口都介于理想薄壁小孔和细长小孔之间,故其流量特性都可用小孔流量通用公式(7-1)来描述。因此,节流口的流量稳定性则与节流口前后压差、油温和节流口形状等因素有关。

1) 压差 Δp

压差 Δp 的影响即负载变化的影响。节流阀的通流面积调整好后,若负载发生变化,执行元件工作压力随之变化,与执行元件相连的节流阀前后压差 Δp 发生变化,则通过阀的流量 q 也随之变化,即流量不稳定。薄壁小孔的指数值最小,故负载变化对薄壁小孔流量的影响也最小。

2) 温度的变化

温度变化时,流体的黏度发生变化。小孔流量通用公式(7-1)中的流量系数 K 值就发生变化,从而使流量发生变化。对于细长小孔节流口,黏度变化会影响液流通过的流量。对于薄壁小孔节流口,当雷诺数大于临界值时,流量系数不受温度影响,但当压差小、通流截面积小时,流量系数 K 只与雷诺数 Re 有关,通过节流口的流量也会因温度的变化而变化。

3) 节流口堵塞

在压差、油温和黏度等因素不变的情况下,当节流口的开度很小时,由于污染或流体中的极化分子与金属表面的吸附现象,使节流缝隙表面形成牢固的边界吸附层,改变了节流缝隙的几何形状和大小,造成了节流口堵塞现象,使通过节流口的流量出现周期性脉动,甚至造成断流,影响节流阀正常工作。

3. 节流阀的最小稳定流量

节流阀正常工作(指无断流且流量变化不大于 10%)的最小流量限制值,称为节流阀的最小稳定流量。节流阀的最小稳定流量与节流孔的形状有很大关系,目前轴向三角槽式节流口的最小稳定流量为 30～50 mL/min,薄壁式节流口则可低至 10～15 mL/min(因流道短和水力半径大,减小了污染物附着可能性)。

在实际应用中,防止节流阀堵塞的措施如下。

1) 油液要精密过滤

实践证明,5～10 μm 的过滤精度能显著改善阻塞现象。为除去铁质污染,采用带磁性的过滤器效果更好。

2) 节流阀两端压差要适当

压差大,节流口能量损失大,温度高;同等流量时,压差大对应的过流面积小,易引起阻塞。设计时一般取压差 $\Delta p = 0.2 \sim 0.3$ MPa。

二、节流口常见形式

节流口的形式很多,如图 7-1 所示。图 7-1(a)所示为针阀式节流口。当阀芯轴向移动时,就可调节环形通道的通流截面大小,从而改变流量。这种结构加工简单、制造容易,但通道长,易堵塞,流量受油温影响较大,一般用于要求不高的液压传动系统。

图 7-1(b)所示为偏心槽式节流口。阀芯上开有一个断面为三角形的偏心槽,当转动阀芯时,就可改变通流截面的大小,即可调节流量。这种节流口容易制造,三角形的阀口可以得到较小的稳定流量,但阀芯上的径向力不平衡,旋转费力,一般用于性能要求不高的场合。

图 7-1(c)所示为轴向三角槽式节流口。阀芯的端部开有一个或两个斜的三角槽,阀芯

轴向移动就可改变通流截面的大小,从而调节流量。这种节流口可以得到较小的稳定流量,不易堵塞,目前被广泛使用。

图 7-1(d)所示为径向缝隙式节流口。旋转带有狭缝的阀芯即可改变通流截面积,从而改变流量,其流量稳定性好,但阀芯受径向不平衡力作用,结构复杂,故只适用于低压场合。

图 7-1(e)所示为轴向缝隙式节流口。在套筒上开有轴向缝隙,阀芯轴向移动即可改变通流面积的大小,从而调节流量。这种节流口在小流量时稳定性好,不易堵塞,可用于性能要求较高的场合;但在高压下易变形,结构复杂,工艺性差。

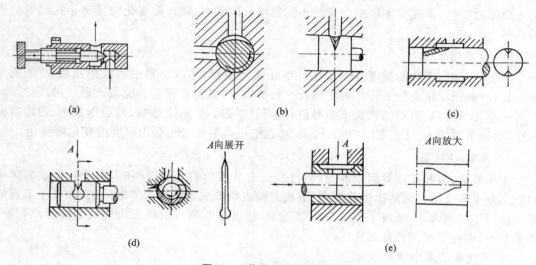

(a)   (b)   (c)

(d)   (e)

图 7-1　节流口常见形式

三、节流阀的结构与工作原理

图 7-2 所示为先导式节流阀的结构原理图和图形符号。这种节流阀采用的是轴向三角槽式节流口,压力油从进油口 P_1 流入,经阀芯右端的三角槽,再从出油口 P_2 流出。调节手柄,即可通过推杆使阀芯作轴向移动,改变节流口的通流截面积,从而可调节流量。这种节流阀结构简单,价格低廉,调节方便。

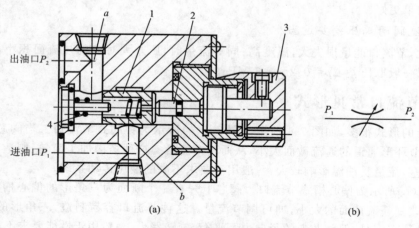

(a)   (b)

图 7-2　先导式节流阀
1—阀芯;2—推杆;3—手柄;4—弹簧

【任务实施】

一、实施环境

(1) 液压气动综合实训室。

(2) 液压传动综合实验台、节流阀、溢流阀、液压缸等液压元件。

二、实施过程

1. 节流阀应用分析

节流调速回路是由定量泵和流量阀组成的调速回路,可以通过调节流量阀通流截面积的大小来控制流入或流出执行元件的流量,以此来调节执行元件的运动速度。节流调速回路有不同的分类方法。按流量阀在回路中位置的不同,可分为进口节流调速回路、出口节流调速回路、进出口节流调速回路和旁路节流调速回路。

1) 进口节流调速回路

(1) 回路结构和调速原理。

节流阀串联在泵与执行元件之间的进油路上,回路结构如图 7-3 所示。它由定量液压泵、溢流阀、节流阀及液压缸(或液压马达)组成。通过改变节流阀的开口量(即通流截面积 A_T)的大小,来调节进入液压缸的流量 q_1,进而改变液压缸的运动速度。定量液压泵输出的多余流量由溢流阀溢回油箱。因此,为了完成调速功能,不仅节流阀的开口量能够调节,而且必须使溢流阀始终处于开启溢流状态,两者缺一不可。这样,在该调速回路中,溢流阀的作用一是调整并基本恒定系统的压力,二是将液压泵输出的多余流量溢回油箱。

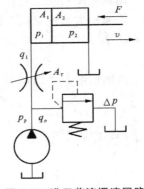

图 7-3　进口节流调速回路

(2) 回路速度负载特性。

在不考虑泄漏的情况下,活塞运动速度为

$$v = \frac{q_1}{A_1} \tag{7-2}$$

当液压缸回油腔通油箱时,$p_2 \approx 0$,活塞受力方程为

$$p_1 = \frac{F}{A_1} \tag{7-3}$$

式中:F——外负载力。

于是,进油路上通过节流阀的流量方程为

$$q_1 = CA_T(\Delta p_T)^m$$

$$q_1 = CA_T(p_p - p_1)^m = CA_T\left(p_p - \frac{F}{A_1}\right)^m \tag{7-4}$$

于是

$$v = \frac{q_1}{A_1} = \frac{CA_T}{A_1^{1+m}}(p_p A_1 - F)^m \tag{7-5}$$

式中:C——与油液种类等有关的系数;

A_T——节流阀的开口面积；

Δp_T——节流阀前后的压差，$\Delta p_T = p_p - p_1$；

m——节流阀的指数，当为薄壁小孔口时，$m = 0.5$。

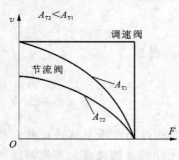

图 7-4 进口节流调速回路的
速度-负载特性曲线

式(7-5)描述了执行元件的速度 v 与负载 F 之间的关系。由此式作图，可得一组抛物线，称为进口节流调速回路的速度-负载特性曲线，如图 7-4 所示。由图分析可知，节流阀通流截面积不变时(图中的同一曲线)，负载越小，速度刚性越大；负载一定时，节流阀通流截面积越小，速度刚性越大。因此，进口节流调速回路的速度稳定性，在低速小负载的情况下，比高速大负载时的好。回路中其他参数对速度也有刚性的影响。例如，提高溢流阀的调定压力，增大液压缸的有效面积，减小节流阀的指数等，均可提高调速回路的速度刚性，但是，这些参数的变动，常常受其他条件的限制。此外，进口节流调速回路的速度刚性不受液压泵泄漏的影响。

（3）功率特性。

调速回路的功率特性是以其自身的功率损失(不包括液压缸、液压泵和管路中的功率损失)、功率损失分配情况和回路效率来表达的。在图 7-3 中，液压泵输出功率即为该回路的输入功率，即

$$P_p = p_p q_p$$

液压缸输出的有效功率为

$$P_1 = Fv = F\frac{q_1}{A_1} = p_1 q$$

回路的功率损失为

$$\begin{aligned}
\Delta P &= P_p - P_1 = p_p q_p - p_1 q_1 \\
&= p_p(q_1 + \Delta q) - (p_p - \Delta p_T)q_1 \\
&= p_p \Delta q + \Delta p_T q_1
\end{aligned} \qquad (7\text{-}6)$$

式中：Δq——溢流阀的溢流量，$\Delta q = q_p - q_1$。

由式(7-6)可知，进油路节流调速回路的功率损失由两部分组成：溢流功率损失 $\Delta P_1 = p_p \Delta q$ 和节流功率损失 $\Delta P_2 = \Delta p_T q_1$。两部分损失都变成热量使油温升高。

回路的输出功率与回路的输入功率之比定义为回路的效率。进油路节流调速回路的回路效率为

$$\eta = \frac{P_p - \Delta P}{P_p} = \frac{p_1 q_1}{p_p q_p} \qquad (7\text{-}7)$$

由于存在上述两部分功率损失，所以回路效率较低。据有关资料介绍，当负载恒定或变化很小时，回路效率为 0.2～0.6。回路在恒定负载情况下工作时，有效功率及回路效率随工作速度的提高而增大。回路在可变负载情况下工作时，液压泵的工作压力需要按照最大负载的需求来调定，而泵的流量又必须大于液压执行元件在最大速度时所需要的流量。这样，工作在低速小负载情况下时，回路的效率很低。因此，从功率利用率的角度看，这种调速回路不宜用在负载变化范围大的场合。由于回路存在两部分功率损失，因此进口节流调速回路效率较低。当负载恒定或变化很小时，回路效率可达 0.2～0.6；当负载发生变化时，回路

的最大效率为0.385。这种回路多用于要求冲击小、负载变动小的液压传动系统中。

2）出口节流调速回路

出口节流调速回路如图7-5所示。其工作原理及性能与进口节流调速回路的类同。

虽然进口节流调速和出口节流调速的速度负载特性公式形式相似、功率特性相同，但它们在以下几方面的性能有明显差别，比较如下。

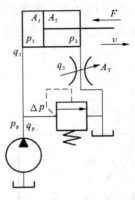

图 7-5　出口节流调速回路

（1）承受负值负载的能力　所谓负值负载就是作用力的方向与执行元件的运动方向相同的负载。回油节流调速的节流阀在液压缸的回油腔能形成一定的背压，能承受一定的负值负载；对于进油节流调速回路，要使其能承受负值负载就必须在执行元件的回油路上加上背压阀。这必然会导致增加功率消耗，增大油液发热量。

（2）运动平稳性　回油节流调速回路由于回油路上存在背压，可以有效地防止空气从回油路吸入，因而低速运动时不易爬行，高速运动时不易颤振，即运动平稳性好。进油节流调速回路在不加背压阀时就不具备这种特点。

（3）油液发热对回路的影响　进油节流调速回路中，通过节流阀产生的节流功率损失转变为热量，一部分由元件散发出去，另一部分使油液温度升高，直接进入液压缸，会使缸的内外泄漏增加，速度稳定性不好。而回油节流调速回路中，油液经节流阀温升后，直接回油箱，经冷却后再进入系统，对系统泄漏影响较小。

（4）实现压力控制的方便性　进油节流调速回路中，进油腔的压力随负载的变化而变化，当工作部件碰到止挡块而停止后，其压力将升到溢流阀的调定压力，可以很方便地利用这一压力变化来实现压力控制；但在回油节流调速回路中，只有回油腔的压力才会随负载的变化而变化，当工作部件碰到止挡块后，其压力将降至零，虽然同样可以利用该压力变化来实现压力控制，但其可靠性差，一般不采用。

（5）启动性能　回油节流调速回路中若停车时间较长，液压缸回油箱的油液会泄漏回油箱，重新启动时背压不能立即建立，会引起瞬间工作机构的前冲现象。而对于进油节流调速，只要在开车时关小节流阀即可避免启动冲击。

综上所述，进口节流调速、出口节流调速的回路结构简单，价格低廉，但效率较低，只宜用在负载变化不大、低速、小功率场合，如某些机床的进给系统中。

3）旁路节流调速回路

（1）回路结构和调速原理。

如图7-6所示，在定量液压泵至液压缸进油路的分支油路上，接一个节流阀，便构成了旁路节流调速回路。改变节流阀的通流截面积，调节回油箱的流量 q_2，间接地控制进入液压缸的流量 q_1，便可实现对液压缸速度的调节。

为了防止油路过载损坏，同时并联一个溢流阀，这时它起安全阀的作用。当回路正常工作时，安全阀不打开，只有过载

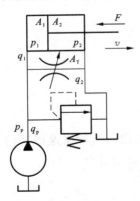

图 7-6　旁路节流调速回路

时才开启溢流。

（2）速度-负载特性。

考虑到泵的工作压力随负载的变化而变化，泵的输出流量 q_p 应计入泵的泄漏量随压力的变化 Δq_p，采用与前述相同的分析方法可得速度表达式为

$$v=\frac{q_1}{A_1}=\frac{q_{pt}-\Delta q_p-\Delta q}{A_1}=\frac{q_{pt}-k\left(\frac{F}{A_1}\right)-CA_T\left(\frac{F}{A_1}\right)^m}{A_1} \tag{7-8}$$

式中：q_{pt}——泵的理论流量；

k——泵的泄漏系数；其余符号意义同前。

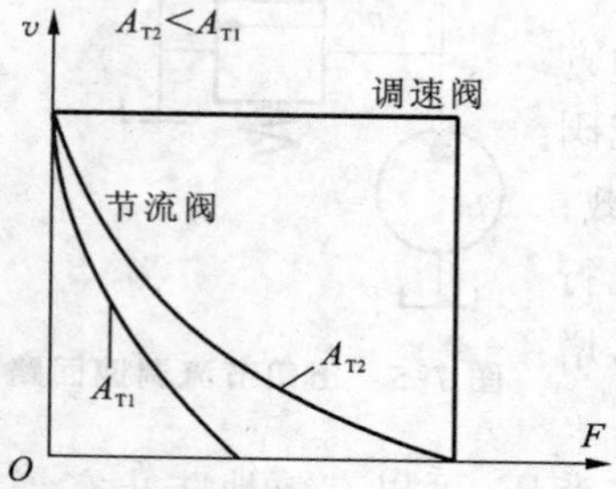

图 7-7 旁路节流调速回路的
速度-负载特性曲线

如图 7-7 所示，根据速度-负载特性曲线，节流阀通流截面积不变的情况下，液压缸的速度因负载增大而明显减小，速度-负载特性很软。主要原因有两点：一是当负载增大后，节流阀前后的压差也增大，从而使通过节流阀的流量增加，这样会减少进入液压缸的流量，降低液压缸的速度；二是当负载增大后，液压泵出口压力也增大，从而使液压泵的内泄漏增加，使液压泵的实际输出流量减少，液压缸的速度随之减小。当负载增大到某一数值时，液压缸停止不动，而且节流阀通流截面积越大，液压缸停止运动的负载力就越小。因此，在旁路节流调速回路中，当节流阀开口大时（即低速时），承载能力很差。为了在低速下驱动足够大的负载，就必须减小节流阀的通流截面积，使这种调速回路的调速范围变小。旁路节流调速回路的速度刚性是很低的，特别在低速小负载的情况下，其速度刚性更低。因此，这种回路只能用于负载较大、速度较高，但对速度稳定性要求不高的场合，或者用于负载变化不大的情况。另外，液压泵的泄漏也对速度稳定性有直接影响，泄漏系数越大，速度刚性越低。

（3）功率特性。

在不考虑管路压力损失及其泄漏的情况下，对旁路节流调速回路的功率特性分析如下。

回路的输入功率为

$$P_p=p_1q_p$$

回路的输出功率为

$$P_1=Fv=p_1A_1v=p_1q_1$$

回路的功率损失为

$$\Delta P=P_p-P_1=p_1q_p-p_1q_1=p_1\Delta q \tag{7-9}$$

回路效率为

$$\eta=\frac{P_1}{P_p}=\frac{p_1q_1}{p_1q_p}=\frac{q_1}{q_p} \tag{7-10}$$

旁路节流调速只有节流损失，而无溢流损失，因此其功率损失比前两种调速回路的小，效率高。这种调速回路一般用于功率较大且对速度稳定性要求不高的场合。

另外，节流阀还可以作为背压阀来建立背压。

2. 实验验证

（1）准备构成以上回路的元件器材。

（2）连接安装回路。

（3）演示回路工作过程，记录相关节流阀的不同工作状况与数值。

（4）分析比较各种作用情况下节流阀工作状况的区别。

3. 总结分析

总结分析回路工作特点，具体总结三种节流调速的区别和应用场所。

【复习延伸】

（1）节流阀为什么采用薄壁小孔结构？

（2）分析比较进口节流调速、出口节流调速、旁路节流调速三种回路的工作性能以及应用场合。

（3）分析比较单向阀、溢流阀、节流阀作背压阀时候的异同。

（4）节流阀的开口调定以后，其通过流量是否稳定？简述原因。

（5）节流阀的内弹簧失效后，该阀性能有什么变化？

（6）如题图 7-1 所示，定量泵的输出流量 q 为一定值，若调节节流阀的开口大小，试问：

① 能否改变活塞的运动速度？为什么？

② 试求图 7-1(a) 中 A、B、C 三点处的流量各是多少？

（7）题图 7-2 所示回路中，已知液压缸活塞直径 $D=100$ mm，活塞杆直径 $d=70$ mm，负载 $F=25\ 000$ N，试问：

① 为使节流阀前后压差为 3×10^5 Pa，溢流阀的调整压力应为多少？

② 溢流阀的压力调定后，若负载 F 降为 $15\ 000$ N 时，节流阀前后压差为多少？

③ 当节流阀的最小稳定流量为 0.05 L/min 时，该回路的最低稳定速度为多少？

④ 当负载 F 突然降为 0 时，液压缸有杆腔的压力为多少？

⑤ 如把节流阀装在进油路上，液压缸有杆腔接油箱，当节流阀的最小稳定流量仍为 0.05 L/min 时，回路的最低稳定速度为多少？

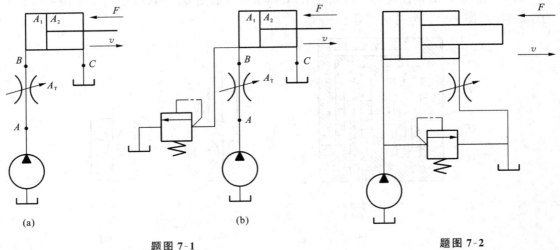

(a)   (b)

题图 7-1   题图 7-2

◀ 任务2 调速阀的工作原理及其应用 ▶

【任务导入】

在任务1节流阀的三种调速回路中,都存在着相同的问题,即当节流开口调定时,通过它的流量受工作负载变化的影响,不能保持执行元件运动速度的稳定。因此,这几种回路只适用于负载变化不大和速度稳定性要求不高的场合。当负载变化较大而又要求速度稳定时,就要采用压力补偿的办法来保证节流阀前后的压力差不变,从而使流量稳定。节流阀进行压力补偿的方法有两种:一种是将定差减压阀与节流阀串联成一个复合阀,由定差减压阀保持节流阀前后压力差不变,这种组合阀称为调速阀;另一种是将差压式溢流阀和节流阀并联成一个组合阀,由溢流阀保证节流阀前后压力差不变,这种组合阀称为旁通型调速阀(有时也称它为溢流节流阀)。本任务重点研究应用较为广泛的调速阀。

【任务分析】

掌握调速阀的应用场合,首先要掌握调速阀的结构及工作原理,熟悉它们的工作过程,认识它们的液压符号,掌握其功用。

【相关知识】

调速阀是由定差减压阀与节流阀串联而成的组合阀。节流阀用来调节通过的流量,定差减压阀则自动补偿负载变化的影响,使节流阀前后的压差为定值,消除了负载变化对流量的影响。

一、调速阀的结构及工作原理

图7-8(a)所示为调速阀的结构原理图,其图形符号如图7-8(b)、(c)所示,其中图7-8(b)为原理符号,图7-8(c)为简化符号。

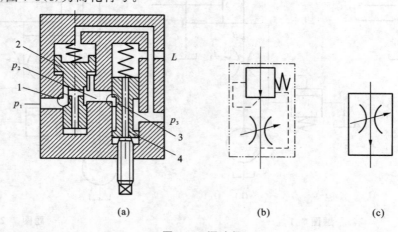

图 7-8 调速阀

1—减压阀口;2—减压阀芯;3—节流阀口;4—节流阀芯

如图 7-8(a)所示,压力为 p_1 的油液经减压口后压力降为 p_2,并分成两路,一路经节流口压力降为 p_3,其中一部分到执行元件,另一部分经孔道进入减压阀芯上腔;另一路经孔道进入减压阀芯下腔。节流阀前后的压力 p_2 和 p_3 分别引到定差减压阀阀芯的上、下两端,定差减压阀阀芯两端的作用面积 A 相等,当减压阀的阀芯在弹簧力 F_s 和油液压力 p_2 与 p_3 的共同作用下处于平衡位置时,其阀芯的力平衡方程为(忽略摩擦力等)

$$p_3A + F_s = p_2A \tag{7-11}$$

式中:A——压力油作用于阀芯的有效面积。所以有

$$p_2 - p_3 = \frac{F_s}{A} \tag{7-12}$$

式(7-12)说明节流口前后压差 $p_2 - p_3$ 始终与减压阀芯的弹簧力相平衡而保持不变,通过节流阀的流量稳定。若负载增加,调速阀出口压力 p_3 也增加,作用在减压阀芯上端的液压力增大,阀芯失去平衡向下移动,于是减压口开度增大,通过减压口的压力损失减小,p_2 也增大,其差值 $p_2 - p_3$ 基本保持不变;反之亦然。若 p_1 增大,减压阀芯来不及运动,p_2 在瞬间也增大,阀芯失去平衡向上移动,使减压口开度减小,液阻增加,促使 p_2 又减小,即 $p_2 - p_3$ 仍保持不变。总之,由于定差减压阀的自动调节作用,节流阀前、后压力差总保持不变,从而保证流量稳定。

上述调速阀是先减压后节流型的结构。调速阀也可以是先节流后减压型的结构,两者的工作原理和作用情况基本相同。

二、温度补偿调速阀的工作原理

调速阀消除了负载变化对流量的影响,但温度变化的影响依然存在。对速度稳定性要求高的系统,需用温度补偿调速阀。

如图 7-9 所示为温度补偿调速阀的结构原理图和图形符号。温度补偿调速阀的结构与普通调速阀的基本相似,主要区别在于前者的节流阀阀芯上连接着一根温度补偿杆,温度变化时,流量会有变化,但由于温度补偿杆的材料为温度膨胀系数大的聚氯乙烯塑料,温度高时长度增加,使阀口开小,反之则开大,故能维持流量基本不变(在 20~60 ℃范围内流量变化不超过 10%)。阀芯的节流口采用薄壁孔形式,它能减小温度变化对流量稳定性的影响。

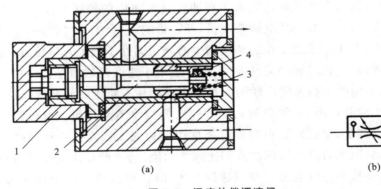

(a)   (b)

图 7-9　温度补偿调速阀

1—手柄;2—温度补偿杆;3—节流口;4—节流阀芯

【任务实施】

一、实施环境

(1)液压气动综合实训室。

(2)液压传动综合实验台、液压泵、调速阀、液压缸等元件。

二、实施过程

1. 调速阀节流调速回路

在节流阀的进口、出口和旁路节流阀式节流调速回路中,当负载变化时,会引起节流阀前后工作压差的变化。对于开口量一定的节流阀来说,当工作压差变化时,通过它的流量必然变化,这就导致了液压执行元件运动速度的变化。因此可以说,任务 1 所述三种节流阀式调速回路的速度平稳性差的根本原因是采用了节流阀。

如果在任务 1 所述节流阀式节流调速回路中,用调速阀代替节流阀,便构成了进口、出口和旁路调速阀式节流调速回路,其速度平稳性大为改善。因为只要调速阀的工作压差超过它的最小压差值(一般为 0.4~0.5 MPa),则通过调速阀的流量便不随压差而变化。由调速阀组成的进口节流调速回路和出口节流调速回路的速度-负载特性曲线如图 7-4 所示,当液压缸的负载变化时,其速度不会随之变化。由调速阀构成的旁路节流调速回路的速度-负载特性曲线如图 7-7 所示。

采用调速阀的节流调速回路在机床的中、低压小功率进给系统中得到了广泛的应用,例如,组合机床液压滑台系统、液压六角车床及液压多刀半自动车床等。

2. 两种工进速度换接回路

速度换接回路主要用于使执行元件在一个工作循环中,从一种速度变换到另一种速度,如两种进给速度换接回路。

对于某些自动机床、注塑机等,需要在自动工作循环中变换两种以上的工作进给速度,这时需要采用两种或多种工作进给速度的换接回路。

图 7-10 所示为用两个调速阀并联来实现两种进给速度的换接回路。两个调速阀由二位三通换向阀换接,它们各自独立调节流量,互不影响,一个工作时,另一个没有油液通过。在换接过程中,由于原来没工作的调速阀中的减压阀处于最大开口位置,速度换接时大量油液通过该阀,将使执行元件突然前冲,故一般用于速度预选的场合。

图 7-11 所示为用两个调速阀串联的方法来实现两种不同速度的换接回路。调速阀 2 的开口比调速阀 1 的开口小,否则调速阀 2 的速度换接将不起作用。电磁阀 3 断电时油缸速度由调速阀 1 调定,电磁阀通电时油缸速度由调速阀 2 调定。这种回路在工作时调速阀 1 一直工作,它限制着进入液压缸或调速阀 2 的流量,因此在速度换接时不会使液压缸产生前冲现象,换接平稳性较好。在调速阀 2 工作时,油液需经两个调速阀,故能量损失较大。

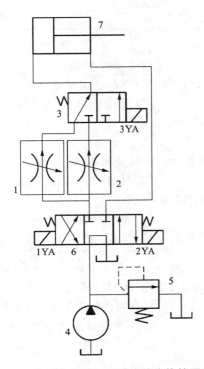
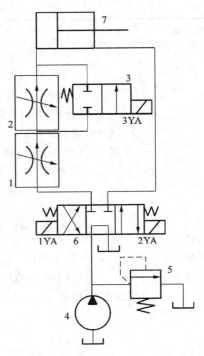

图 7-10　两个调速阀并联式速度换接回路　　　　图 7-11　两个调速阀串联式速度换接回路

【相关拓展】

　　流量控制阀常见的故障原因与排除方法如表 7-1 所示。

表 7-1　流量控制阀常见的故障原因与排除方法

故障现象		原 因 分 析	排 除 方 法
调整节流阀手柄后无流量变化	压力补偿阀不动作	压力补偿阀芯在关闭位置上卡死。 (1) 阀芯与阀套的几何精度差,间隙太小 (2) 弹簧侧向弯曲、变形,使阀芯卡住 (3) 弹簧太弱	(1) 检查精度,修配间隙达到要求,使阀芯移动灵活 (2) 更换弹簧 (3) 更换弹簧
	节流阀故障	(1) 油液过脏,使节流口堵死 (2) 手柄与节流阀芯装配位置不合适 (3) 节流阀阀芯上连接键失落或未装键 (4) 节流阀阀芯因配合间隙过小或变形而卡死 (5) 调节杆螺纹被污物堵住,造成调节不良	(1) 检查油质,过滤油液 (2) 检查原因,重新装配 (3) 更换键或补装键 (4) 清洗,修配间隙或更换零件 (5) 拆开清洗
	系统未供油	换向阀阀芯未换向	检查原因并消除

续表

故障现象		原 因 分 析	排 除 方 法
执行元件运动速度不稳定（流量不稳定）	压力补偿阀故障	(1) 压力补偿阀阀芯工作不灵敏 ① 阀芯有卡死现象 ② 补偿阀的阻尼小孔时堵时通 ③ 弹簧侧向弯曲、变形，或弹簧端面与弹簧轴线不垂直 (2) 压力补偿阀阀芯在全开位置上卡死 ① 补偿阀阻尼小孔堵死 ② 阀芯与阀套的几何精度差，配合间隙过小 ③ 弹簧侧向弯曲、变形而使阀芯卡住	(1) 更换，检修 ① 修配，达到移动灵活 ② 清洗阻尼孔，若油液过脏应更换 ③ 更换弹簧 (2) 更换，检修 ① 清洗阻尼孔，若油液过脏应更换 ② 修理达到移动灵活 ③ 更换弹簧
	节流阀故障	(1) 节流口处积有污物，造成时堵时通 (2) 简式节流阀外载荷变化会引起流量变化	(1) 拆开清洗，检查油质，若油质不合格应更换 (2) 对外载荷变化大的或要求执行元件运动速度非常平稳的系统，应改用调速阀
	油液品质劣化	(1) 油温过高，造成通过节流口的流量变化 (2) 带有温度补偿的流量控制阀的补偿杆敏感性差，已损坏 (3) 油液过脏，堵死节流口或阻尼孔	(1) 检查温升原因，降低油温，并控制在要求范围内 (2) 选用对温度敏感性强的材料做补偿杆，坏的应更换 (3) 清洗，检查油质，不合格的应更换

【复习延伸】

(1) 调速阀与节流阀有何异同？各适用于什么场合？

(2) 串联式与并联式两种工进速度换接回路有何异同？

(3) 带温度补偿装置调速阀的原理是什么？

(4) 在题图 7-3 所示两种回路中，用定值减压阀和节流阀串联来代替调速阀，能否起到调速阀的稳定速度的作用？简述原因。

(5) 在节流调速回路中，如果进、出油口接反了，会出现什么情况？根据调速阀的工作原理分析。

(6) 将调速阀中的定差减压阀改为定值输出减压阀，是否仍能保证执行元件速度的稳定？简述理由。

(7) 题图 7-4 所示回路中，$A_1 = 2A_2 = 50 \text{ cm}^2$，溢流阀调定压力 $p_1 = 3 \text{ MPa}$，试回答下列问题：

① 回油腔背压 p_2 的大小由什么因素来决定？

② 当负载 $F_L = 0$ 时，p_1 比 p_2 高多少？系统的最高压力是多少？

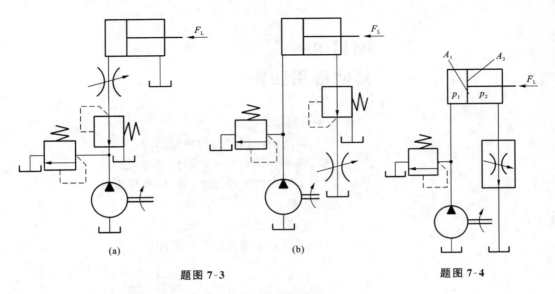

(a)   (b)

题图 7-3   题图 7-4

③ 当泵的流量略有变化时,上述结论是否需要修改?

(8) 如题图 7-5 所示,为采用中、低压系列调速阀的回油调速系统,溢流阀调定压力 $p=4$ MPa,其他数据如题图 7-5 所示。工作时发现液压缸速度不稳定,试分析原因,并提出改进措施。

(9) 如题图 7-6 所示液压回路,原设计是要求夹紧缸 1 把工件夹紧后,进给缸 2 才能动作,并且要求夹紧缸 1 的速度能够调节。实际试车后发现,该方案达不到预想目的,分析其原因,并提出改进的方法。

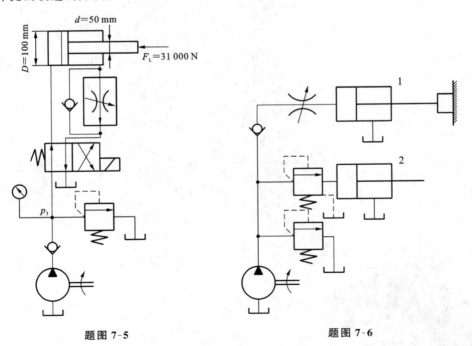

题图 7-5   题图 7-6

项目 8
其他应用回路

◀ **知识目标**

(1) 掌握快速回路的构成与原理；

(2) 掌握容积调速回路的构成与原理；

(3) 了解多缸工作控制回路构成与原理。

◀ **能力目标**

(1) 掌握快速回路的应用；

(2) 掌握容积调速回路的应用。

◀ 任务 1 快速回路 ▶

【任务导入】

前面通过各类阀类元件的任务过程,学习了许多压力控制回路与节流调速回路。下面重点分析常见的快速回路。

【任务分析】

在各类快速进给的加工过程中,需要执行元件快速运动,所以要掌握快速回路的应用。首先要掌握快速回路的构成与原理,再熟悉它们的工作过程,最后掌握其功用。

【相关知识】

一、差动回路

1. 利用二位三通换向阀的差动回路

图 8-1 所示为利用二位三通换向阀的液压缸差动连接快速回路。这种回路当三位四通电磁换向阀 6 在右位与二位三通电磁换向阀 3 在左位工作的时候,液压缸差动连接作快进运动,此时压力油从液压泵 4 经换向阀 6 右位,向上通过换向阀 3 连接液压缸左、右腔,形成差动连接。当二位三通电磁换向阀 3 的 3YA 得电时,差动连接就被截止,形成工进过程,这时液压缸进油,液压泵 4 →三位四通电磁换向阀 6 右位→液压缸 1 左腔;液压缸回油,液压缸 1 右腔→二位三通电磁换向阀 3 右位→单向调速阀 2 →三位四通电磁换向阀 6 右位→油箱。当 3YA、2YA 同时得电,三位四通电磁换向阀 6 切换到左位工作,液压缸快退。

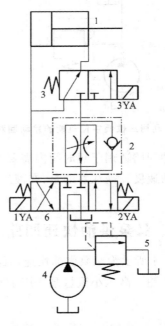

图 8-1 利用二位三通换向阀的差动回路

2. 利用三位四通换向阀的 P 型中位机能的圈动

图 8-2 所示为利用三位四通换向阀的 P 型中位机能构成的差动连接,这样三位四通换向阀位于中位时,液压缸构成了差动连接,形成快进。

其中需要注意的是,在选择换向阀的时候,其工作流量不是液压泵的流量,要远大于泵的流量,正确确定该阀的工作流量,才能准确选择其型号。

二、液压蓄能器辅助供油快速回路

图 8-3 所示为用液压蓄能器辅助供油的快速回路。该回路由液压泵 1、单向阀 2、蓄能器

3、卸荷阀(液控顺序阀)4、换向阀 5、液压缸 6 构成。这种回路是采用一个大容量的液压蓄能器使液压缸快速运动。当换向阀处于左位或右位时,液压泵和液压蓄能器同时向液压缸供油,实现快速运动。当换向阀处于中位时,液压缸停止工作,液压泵经单向阀向液压蓄能器充液,随着液压蓄能器内油量的增加,液压蓄能器的压力升高到卸荷阀的调定压力时,液压泵卸荷。采用蓄能器的快速回路,是在执行元件不需或需要较少的压力油时,将其余的压力油储存在蓄能器中,需要快速运动时再释放出来。该回路的关键在于能量储存和释放的控制方式。

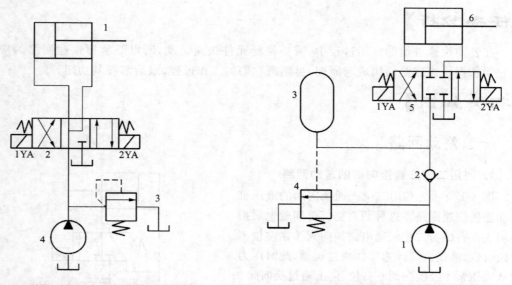

图 8-2　利用三位阀中位机能的差动回路　　　　图 8-3　液压蓄能器辅助供油快速回路

　　这种回路适用于短时间内需要大流量的场合,并可用小流量的液压泵使液压缸获得较大的运动速度。需注意的是,在液压缸的一个工作循环内,须有足够的停歇时间使液压蓄能器充液。

三、双泵供油快速回路

　　图 8-4 所示为双泵供油快速回路,这种回路是利用低压大流量泵和高压小流量泵并联为系统供油。高压小流量泵 1 用于实现工作进给运动,低压大流量泵 2 用于实现快速运动。

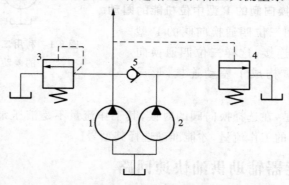

图 8-4　双泵供油快速回路

在快速运动时,液压泵 2 输出的油经单向阀 5 和液压泵 1 输出的油共同向系统供油。在工作进给时,进给阻力增大,系统压力升高,打开液控顺序阀(卸荷阀)4 使液压泵 2 卸荷,此时单向阀 5 关闭,由液压泵 1 单独向系统供油。溢流阀 3 控制液压泵 1 的供油压力是根据系统所需最大工作压力来调节的,而卸荷阀 4 使液压泵 2 在快速运动时供油,在工作进给时则卸荷,因此它的调整压力应比快速运动时系统所需的压力要高,但比溢流阀 3 的调整压力低。

双泵供油回路功率利用合理、效率高,并且速度换接较平稳,在快、慢速度相差较大的机床中应用很广泛,但是要用一个双联泵,油路系统比较复杂。

【任务实施】

一、实施环境

(1)液压气动综合实训室。
(2)液压传动综合实验台、换向阀、液压缸等液压元件。

二、实施过程

1. 实验验证
(1)准备构成以上回路的元件器材。
(2)连接安装回路。
(3)演示回路工作过程,记录相关节流阀不同工作状态与数值。
2. 总结分析
总结分析各种快速回路工作特点,对比差动连接与非差动连接速度差别。

【复习延伸】

(1)比较分析差动快速回路、蓄能器快速回路、双泵供油快速回路的性能特点。
(2)绘制出一种差动快速回路。

◀ 任务 2　容积调速回路 ▶

【任务导入】

在节流阀的三种调速回路中,存在节流损失和溢流损失,回路效率低、发热量大,因此,只适用于小功率调速系统。在大功率的调速系统中,多采用回路效率高的容积式调速回路。

【任务分析】

容积调速回路通常有三种基本形式:变量泵-定量马达容积调速回路,定量泵-变量马达容积调速回路,变量泵-变量马达容积调速回路。要正确应用三种回路,必须掌握三种容积调速回路的构成、工作原理与工作特点。

【相关知识】

液压传动系统的油液循环有开式和闭式两种方式。在开式循环回路中,液压泵从油箱中吸入液压油,同时压送到液压执行元件中去,执行元件的回油排至油箱。这种循环回路的主要优点是油液在油箱中能够得到良好地冷却,使油温降低,同时便于沉淀过滤杂质和析出气体。前面介绍的节流调速回路均属于开式循环方式,其主要缺点是空气和其他污染物侵入油液机会多,侵入后影响系统正常工作,降低油液的使用寿命;另外,油箱结构尺寸较大,占有一定空间。在闭式循环回路中,液压泵将液压油压送到执行元件的进油腔,同时又从执行元件的回油腔吸入液压油。闭式回路的主要优点是结构尺寸紧凑,改变执行元件运动方向较方便,空气和其他污染物侵入系统的可能性小。主要缺点是散热条件差,对于有补油装置的闭式循环回路来说,结构比较复杂,造价较高。

容积调速回路是通过改变回路中液压泵或液压马达的排量来实现调速的。其主要优点是功率损失小(没有溢流损失和节流损失),且其工作压力随负载变化而变化,所以效率高、油的温度低,适用于高速、大功率系统。

一、变量泵-定量马达容积调速回路

图 8-5 所示为闭式循环的变量泵-定量马达容积调速回路。回路由补油泵 1、溢流阀 2、变量泵 3、安全阀 4 和定量马达 5 等组成。由回路分析可知,马达转速 $n_M = n_B V_B / V_M$,改变变量泵的排量 V_B,即可以调节定量马达的转速 n_M。安全阀 4 用来限定回路的最高压力,起过载保护作用。补油泵 1 用以补充由泄漏等因素造成的变量泵吸油流量的不足部分。溢流阀调定补油泵的输出压力,并将其多余的流量溢回油箱。

当不考虑回路的损失时,液压马达的输出转矩 T_M(或缸的输出推力 F)为 $T_M = V_M \Delta P / 2\pi$。它表明当泵的输出压力 p_p 和吸油路(即马达或缸的排油)压力 p_0 不变,马达的输出转矩 T_M 理论上是恒定的,该回路的最大输出转矩不受变量泵排量的影响,而且与调速无关,在高速和低速时回路输出的最大转矩相同,并且是个恒定值,故称这个回路为恒转矩调速回路。

该回路的输出功率由实际负载功率决定。在不考虑管路泄漏和压力损失的情况下,当回路以最大转矩输出时,回路输出的最大功率为

$$P = 2\pi n_M T_M$$

上式表明该回路输出的最大功率随马达转速的提高而增大。

变量泵-定量马达容积调速回路的调速特性曲线如图 8-6 所示。该回路的调速范围主要取决于变量泵的变量范围,其次是受回路的泄漏和负载的影响,可达 40 左右。当回路中的液压泵和马达都能双向作用时,马达可以实现平稳地反向。这种回路在小型内燃机车、液压起重机、船用绞车以及大型机床等处的有关装置上都得到了应用。

二、定量泵-变量马达容积调速回路

如图 8-7 所示为定量泵-变量马达容积调速回路。回路由补油泵 1、溢流阀 2、定量泵 3、安全阀 4 和变量马达 5 等组成。该回路是由调节变量马达的排量 V_M 来实现调速的。

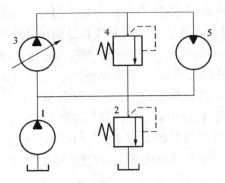

图 8-5 变量泵-定量马达容积调速回路

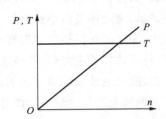

图 8-6 变量泵-定量马达容积
调速回路调速特性曲线

若不计管路泄漏及压力损失,马达的转速为 $n_M = n_B V_B / V_M$,由于液压泵转速 n_P 和排量 V_P 都是常值,所以马达的转速 n_M 则与马达的排量 V_M 成反比。由 $T_M = V_M \Delta P / 2\pi$ 可知,马达输出转矩 T_M 的变化与马达的排量 V_M 成正比。所以 $P = 2\pi n_M T_M$ 为定值,由此可看出,定量泵-变量马达式容积调速回路,输出功率 P 的最大能力与调速参数 V_M 无关,即回路能输出的最大功率是恒定的,不受转速高低的影响。因此,称这种回路为恒功率调速回路。

定量泵-变量马达容积调速回路的调速特性曲线如图 8-8 所示。这种调速回路的调速范围很小,一般不大于 3。这是因为过小地调节液压马达的排量 V_M,其输出转矩 T_M 将降至很小值,甚至带不动负载,使高转速受到限制;而低转速又由于马达及泵泄漏使其在低转速时承载能力差,故其转速不能太小。

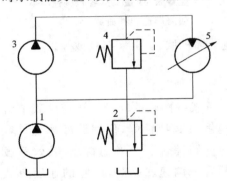

图 8-7 定量泵-变量马达容积调速回路

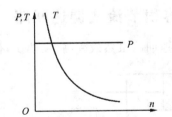

图 8-8 定量泵-变量马达容积
调速回路调速特性曲线

这种调速回路的应用不如上述回路广泛。在造纸、纺织、塑料等行业的卷曲装置中得到了应用,它能使卷件在不断加大直径的情况下,基本上保持被卷材料的线速度和拉力恒定不变。

三、变量泵-变量马达容积调速回路

图 8-9 所示为带有补油装置的闭式循环双向变量泵-变量马达容积调速回路。回路由补油泵 1、溢流阀 2、双向变量泵 3、安全阀 4、双向变量马达 5 和 6、7、8、9 四个单向阀构成。改变双向变量泵 3 的供油方向,可使双向变量马达 5 正向或反向转换。左侧的两个单向阀 6

和 7 保证补油泵能双向地向变量泵的吸油腔补油,补油压力由补油泵 1 出口的溢流阀 2 调定。右侧两个单向阀 8 和 9 使安全阀 4 在变量马达 5 的正反向都能起过载保护作用。

该回路马达转速的调节可分成低速和高速两段进行。在低速段,先将马达排量调到最大,用变量泵调速,泵的排量由小调到最大,马达转速随之升高,输出功率随之线性增加,此时因马达排量最大,马达能获得最大输出转矩,且处于恒转矩状态;在高速段,泵为最大排量,用变量马达调速,将马达排量由大调小,马达转速继续升高,输出转矩随之降低,此时因泵处于最大输出功率状态,故马达处于恒功率状态,其调速特性曲线如图 8-10 所示。这种回路的调速范围是变量泵的调节范围与变量马达调节范围之积。因此,调速范围大(可达 100 左右)。

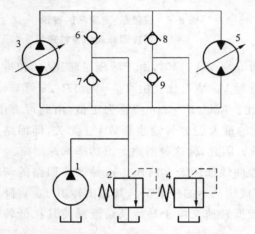

图 8-9　变量泵-变量马达容积调速回路

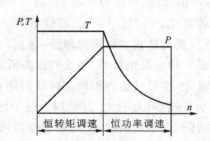

图 8-10　变量泵-变量马达容积调速
回路调速特性曲线

这种回路适宜于大功率液压传动系统,如港口起重运输机械、矿山采掘机械等。

四、容积节流式调速回路

容积调速回路虽然效率高,发热少,但仍存在速度-负载特性软的问题。调速阀式节流调速回路的速度负载特性好,但回路效率低。容积节流式调速回路综合了两者的特点,其效率虽然没有单纯的容积调速回路高,但它的速度负载特性好。因此,在低速稳定性要求高的机床进给系统得到了普遍地应用。

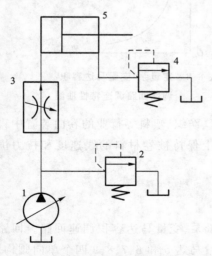

图 8-11　容积节流式调速回路

如图 8-11 所示为容积节流式调速回路,该回路是采用限压式变量叶片泵和调速阀联合调速,通过对节流元件的调整来改变流入或流出液压缸的流量来调节液压缸的速度,而液压泵输出的流量自动地与液压缸所需流量相匹配。这种回路虽然有节流损失,但没有溢流损失,效率较高。

【任务实施】

一、实施环境

(1) 液压气动综合实训室。

(2) 液压传动综合实验台、定量液压泵、变量液压泵、调速阀、液压缸阀等元件。

二、实施过程

1. 实验验证

(1) 准备构成以上回路的元件器材。

(2) 连接安装回路。

(3) 演示回路工作过程,调节各种调速回路的速度。

(4) 分析比较各种调速回路的特点。

2. 总结分析

总结分析回路构成与调节方法。

【复习延伸】

(1) 题图 8-1 所示为液压绞车闭式液压传动系统,试分析:

① 辅助泵 3 的作用和选用原则;

② 单向阀 4、5、6、7 的作用;

③ 梭阀 11 的作用;

④ 压力阀 8、9、10 的作用及其调定压力之间的关系。

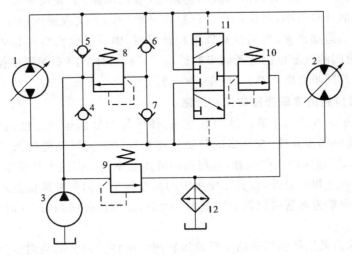

题图 8-1

(2) 绘制出三种容积调速回路并比较其性能特点与应用场合。

(3) 试比较节流调速回路、容积调速回路、容积节流调速回路的性能。

◀ 任务3　多缸工作控制回路 ▶

【任务导入】

在液压与气压传动系统中,用一个能源向两个或多个缸(或马达)提供液压油或压缩空气,按各缸之间运动关系要求进行控制,完成预定功能的回路称为多缸运动回路。

【任务分析】

多缸运动回路分为同步运动回路、顺序运动回路和多缸运动速互不干涉回路等。要正确应用该回路,必须掌握这三类回路的构成、工作原理与工作特点。

【相关知识】

一、同步运动回路

液压传动系统有时要求两个或两个以上的液压缸同步运动。这里的同步运动是指在运动过程中的每一瞬时,这几个液压缸的相对位置均保持固定不变,即位置上同步。严格地做到每一瞬间速度同步,则也能保持位置同步。实际的同步运动回路多数采用速度同步。严格地做到每一瞬间速度同步是很困难的,而速度的微小差异,在运动一定时间后就会造成显著的位置不同步,所以,这种情况下常在执行元件行程终点处给予适当的补偿运动。

1. 用调速阀控制的同步回路

如图 8-12 所示,在两个并联液压缸的进油路(或回油路)上分别串入一个调速阀,仔细调整两个调速阀的开口大小,可使两个液压缸在一个方向上实现速度同步。两个调速阀分别调节两缸活塞的运动速度,当两缸有效面积相等时,则流量也调整到相同;若两缸面积不等时,则改变调速阀的流量也能达到同步的运动。显然这种回路不能严格保证位置同步,且调整比较麻烦。其同步精度不高,一般在 5%～10%。

2. 采用补偿措施的串联液压缸同步回路

有效工作面积相等的两个液压缸串联起来,便可使两缸的运动速度同步。这种同步回路结构简单,不需要同步元件,在严格的制造精度和良好的密封性能的条件下,速度同步精度可达 2%～3%,能适应较大的偏载,且回路的液压效率高。但这种情况下泵的供油压力至少是两缸工作压力之和。另外,在实际使用中两缸有效工作面积和泄漏量的微小差别,在经过多次行程后将积累为显著的位置上的差别。为此,采用这种回路时,一般应具有位置补偿装置。

图 8-13 所示为采用补偿措施的串联液压缸同步回路。为了达到同步运动,液压缸 1 有杆腔 A 的有效面积应与液压缸 2 无杆腔 B 的有效面积相等。在活塞下行的过程中,如液压缸 1 的活塞先运动到底,触动行程开关 a 发出信号,使电磁阀 3 电磁铁通电,此时压力油便经过二位三通电磁阀 3、液控单向阀 5 向液压缸 2 的 B 腔补油,使液压缸 2 的活塞继续运动到底。如果液压缸 2 的活塞先运动到底,触动行程开关 b,使电磁阀 4 电磁铁通电,此时压力油便经二位三通电磁阀 4 进入液控单向阀的控制油口,液控单向阀 5 反向导通,使液压缸 1 能

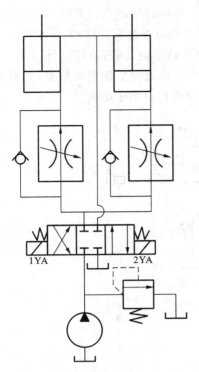

图 8-12　用调速阀控制的同步回路

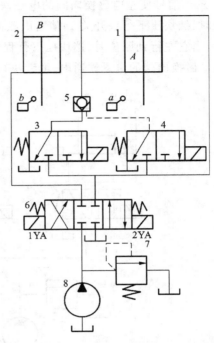

图 8-13　采用补偿措施的串联液压缸同步回路

通过液控单向阀 5 和二位三通电磁阀 3 回油,使液压缸 1 的活塞继续运动到底,对失调现象进行补偿。

二、顺序运动回路

1. 用顺序阀控制的顺序动作回路

项目 6 中图 6-16 所示为采用两个单向顺序阀的压力控制顺序动作回路。其中单向顺序阀 1 控制两液压缸前进时的先后顺序,单向顺序阀 2 控制两液压缸后退时的先后顺序。当电磁换向阀左位工作时,压力油进入右液压缸的左腔,右腔单向顺序阀 2 中的单向阀回油,此时由于压力较低,单向顺序阀 1 关闭,右缸的活塞先动。当右边液压缸的活塞运动至终点时,油压升高,达到单向顺序阀 1 的调定压力时,顺序阀开启,压力油进入左边液压缸的左腔,右腔直接回油,右缸的活塞向右移动。当右边液压缸的活塞右移达到终点后,电磁换向阀换至右位工作,压力油进入左边液压缸的右腔,左腔经单向顺序阀 1 中的单向阀回油,使左缸的活塞向左返回,到达终点时,压力油升高打开单向顺序阀 2,使右边液压缸的活塞返回。

这种顺序动作回路的可靠性,在很大程度上取决于顺序阀的性能及其压力调整值。顺序阀的调整压力应比先动作的液压缸的工作压力高 0.8~1 MPa,以免在系统压力波动时,发生误动作。

2. 行程开关控制的顺序运动回路

图 8-14 所示为行程开关控制的顺序运动回路。左电磁换向阀的电磁铁通电后,左液压缸按箭头(1)的方向右行。当右行到预定位置时,挡块压下行程开关 2,发出信号使右电磁换

向阀的电磁铁通电,则右液压缸按箭头(2)的方向右行。当运行到预定位置时,挡块压下行程开关4,发出信号使左电磁换向阀的电磁铁断电,则左液压缸按箭头(3)的方向左行。它左行到原位时,挡块压下行程开关1,使右电磁换向阀的电磁铁断电,则右液压缸按箭头(4)的方向左行,当它左行到原位时,挡块压下行程开关3,发出信号表明工作循环结束,或者发出信号使左电磁换向阀的电磁铁通电,继续执行动作(1),完成自动循环功能。

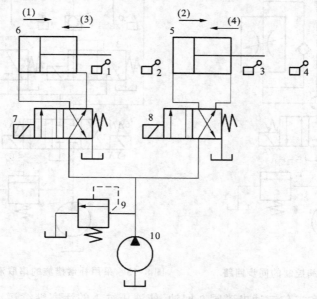

图 8-14　行程开关控制的顺序运动回路

　　这种用电信号控制转换的顺序运动回路,使用调整方便,便于更改动作顺序,因此,应用较广泛。回路工作的可靠性取决于电器元件的质量。目前还可采用 PLC(可编程控制器)利用编程来改变行程控制,这是一个发展趋势。

三、多缸快慢速互不干涉回路

　　多缸工作的液压传动系统有时会相互干扰。如一个液压缸从慢速换接成快速运动时,大量油液进入该缸,以致整个系统压力降低,其他液压缸的正常工作状态受到影响。因此,在设计多缸工作回路时应该考虑到这一点。例如,在组合机床液压传动系统中,如果用同一个液压泵供油,当某液压缸快速前进(或后退)时,因其负载压力小,使其他液压缸就不能工作进给(因为工进时负载压力大),这种现象称为各缸之间运动的相互干涉。下面介绍排除这种干涉的回路。

　　图 8-15 所示为双泵供油的快慢速互不干涉回路。各液压缸(A 和 B)工进时(工作压力大),由左侧的小流量液压泵 1 供油,用调速阀 3 调节液压缸 A 的工进速度,用调速阀 4 调节液压缸 B 的工进速度。快进时(工作压力小),由右侧大流量液压泵 2 供油。两个液压泵的输出油路,由二位五通换向阀隔离,互不相混,从而避免了因工作压力不同引起的运动干扰,使各液压缸均可单独实现快进→工进→快退的工作循环。

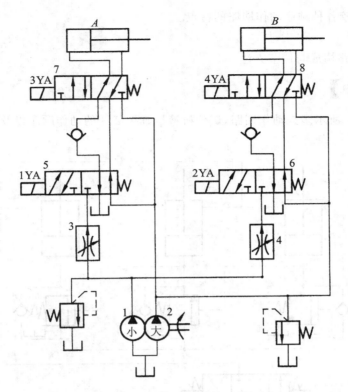

图 8-15　多缸快慢速互不干涉回路

当开始工作时,电磁阀1YA、2YA断电,3YA、4YA同时通电,液压泵2输出的压力油经阀5和7进入液压缸A,形成差点连接,经阀6和8进入液压缸B,形成差动连接,此时两泵供油使各液压缸快速前进。当电磁铁3YA、4YA断电后,1YA、2YA通电,由快进转换成工作进给,形成进油节流调速。当电磁阀1YA、2YA、3YA、4YA同时通电,液压缸快退。如果其中某一液压缸(如缸A)先转换成快速退回,其他液压缸仍由液压泵1供油,继续进行工作进给。这时,调速阀3使液压泵1仍然保持左侧溢流阀的调整压力,不受快退的影响,防止了相互干扰。这种回路可以用在具有多个工作部件各自分别运动的机床液压传动系统中。

【任务实施】

一、实施环境

(1)液压气动综合实训室。
(2)液压传动综合实验台、液压泵、换向阀、调速阀、液压缸、溢流、行程开关阀等元件。

二、实施过程

1. 实验验证

(1)准备构成以上回路的元件器材。
(2)连接安装回路。
(3)演示回路工作过程,熟悉各种回路的调节方法。

（4）分析比较各种顺序动作回路的特点。

2. 总结分析

总结分析回路构成与调节方法。

【复习延伸】

（1）题图 8-2 所示多缸动作回路，试分析液压缸 1、2、3 的动作顺序以及阀 4、5、6 的数值调定关系。

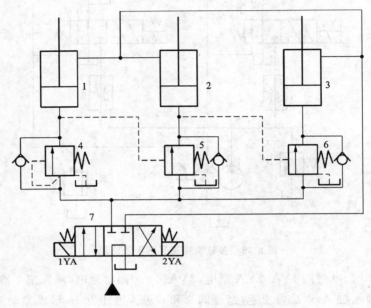

题图 8-2

（2）题图 8-3 中，行程开关 1、2 用于切换电磁阀 4，以实现液压缸的自动往复运动，阀 3 为延时阀。分析该回路的换向过程，并指出液压缸在哪一端时可作短时间的停留。

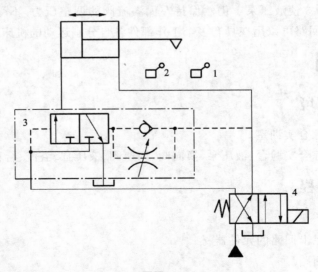

题图 8-3

（3）写出图 8-16 所示回路的各工况液压油流动过程。

（4）题图 8-4 所示为采用调速阀的双向同步回路，试分析该同步回路工作原理及特点。

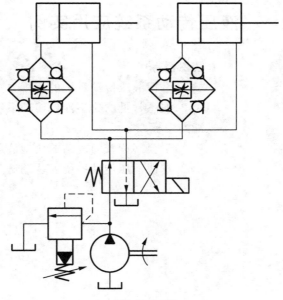

题图 8-4

（5）如题图 8-5 所示液压传动系统，按照快进→工进→快退→停止的工作顺序列出其电磁铁动作顺序表，并分析所含基本回路。

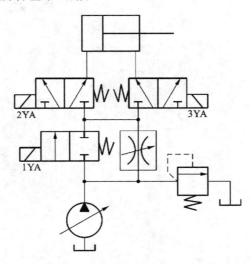

题图 8-5

项目 9
液压传动系统应用实例

◀ **知识目标**

(1) 掌握液压传动系统的分析方法；

(2) 熟悉常见的典型液压传动系统。

◀ **能力目标**

(1) 学会阅读较为复杂的典型液压传动系统；

(2) 掌握液压传动系统安装调试与使用维护方法。

◀ 任务 1　组合机床动力滑台液压传动系统 ▶

【任务导入】

本任务主要是在明确机床动力滑台工作要求的前提下,了解并掌握其液压传动是怎样实现的,通过对典型系统的学习和分析,掌握阅读液压与气压传动系统图的方法。

【任务分析】

动力滑台是组合机床上实现进给运动的一种通用部件,配上动力头和主轴箱可以完成钻、扩、铰、镗、铣、攻丝等工序,能加工孔和端面。动力滑台有机械和液压两类。液压动力滑台的机械结构简单,配上电器后容易实现进给运动的自动工作循环,又可以很方便地对工进速度进行调节,因此它的应用比较广泛,主要用于大批量生产的流水线。YT4543 型动力滑台采用液压驱动,其台面尺寸为 45 mm×800 mm,进给速度范围为 6.6～660 mm/min,最大快进速度为 7.3 m/min,最大进给推力为 45 kN。它能完成多种自动工作循环,其最高工作压力为 6.3 MPa。

【相关知识】

一、液压传动系统图的阅读分析步骤和方法

(1)了解设备的用途及对液压传动系统的要求。

(2)初步浏览各执行元件的工作循环过程,所含元件的类型、规格、性能、功用和各元件之间的关系。

(3)对与每一执行元件有关的泵、阀所组成的子系统进行分析,搞清楚其中包含哪些基本回路,然后针对各执行元件的动作要求,参照动作顺序表读懂子系统。

(4)分析各子系统之间的联系,并进一步读懂在系统中是如何实现这些要求的。

(5)在全面读懂系统的基础上,归纳总结整个系统特点,加深对系统的理解。

二、YT4543 型动力滑台液压传动系统

图 9-1 所示为 YT4543 型动力滑台液压传动系统图。YT4543 型动力滑台液压传动系统可以实现多种不同的工作循环,其中一种比较典型的工作循环为:快进→一工进→二工进→死挡铁停留→快退→原位停止。

1. 系统工作原理

1)快进

按下启动按钮,三位五通电液动换向阀 5 的先导电磁换向阀 1YA 得电,使之阀芯右移,左位进入工作状态,这时的主油路如下。

进油路:过滤器 1→变量泵 2→单向阀 3→管路 4→电液换向阀 5 的 *P* 口到 *A* 口→管路 10、11→行程阀 17→管路 18→液压缸 19 左腔。

回油路:液压缸 19 右腔→管路 20→电液动换向阀 5 的 *B* 口到 *T* 口→油路 8→单向阀

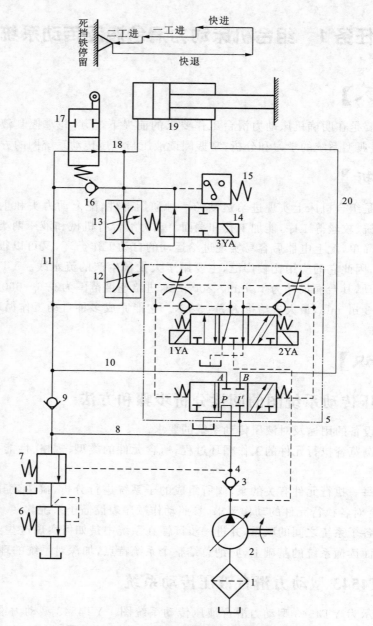

图 9-1　YT4543 型动力滑台液压传动系统图

9→油路 11→行程阀 17→管路 18→液压缸 19 左腔。

　　这时系统形成差动连接回路。因为快进时，滑台的载荷较小，同时进油可以经阀 17 直通油缸左腔，系统中压力较低，所以变量泵 2 输出流量大，动力滑台快速前进，实现快进。

　　2）一工进

　　在快进行程结束时，滑台上的挡铁压下行程阀 17，行程阀上位工作，使油路 11 和 18 断开。电磁铁 1YA 继续通电，电液动换向阀 5 左位仍在工作，电磁换向阀 14 的电磁铁处于断电状态。进油路必须经调速阀 12 进入液压缸左腔，与此同时，系统压力升高，将液控顺序阀 7 打开，并关闭单向阀 9，使液压缸实现差动连接的油路切断。回油经顺序阀 7 和背压阀 6

回到油箱。这时的主油路如下。

进油路：过滤器 1→变量泵 2→单向阀 3→电液动换向阀 5 的 P 口到 A 口→油路 10→调速阀 12→二位二通电磁换向阀 14→油路 18→液压缸 19 左腔。

回油路：缸 19 右腔→油路 20→电液动换向阀 5 的 B 口到 T 口→管路 8→顺序阀 7→背压阀 6→油箱。

3）二工进

在第一次工作进给结束时，滑台上的挡铁压下行程开关，使电磁阀 14 的电磁铁 3YA 得电，阀 14 右位接入工作，切断了该阀所在的油路，经调速阀 12 的油液必须经过调速阀 13 进入液压缸的右腔，其他油路不变。

由于调速阀 13 的开口量小于调速阀 12，进给速度降低，进给量的大小可由调速阀 13 来调节。

4）死挡铁停留

当动力滑台第二次工作进给终了碰上死挡铁后，液压缸停止不动，系统的压力进一步升高。达到压力继电器 15 的调定值时，经过时间继电器的延时，再发出电信号，使滑台退回。在时间继电器延时动作前，滑台停留在死挡铁限定的位置上。

5）快退

时间继电器发出电信号后，2YA 得电，1YA、3YA 断电，电液动换向阀 5 右位工作，这时的主油路如下。

进油路：过滤器 1→变量泵 2→单向阀 3→换向阀 5 的 P 口到 B 口→缸 19 的右腔。

回油路：缸 19 的左腔→单向阀 16→电液动换向阀 5 的 A 口到 T 口→油箱。

这时系统的压力较低，变量泵 2 输出流量大，动力滑台快速退回。由于活塞杆的面积大约为活塞的一半所以动力滑台快进、快退的速度大致相等。

6）原位停止

当动力滑台退回到原始位置时，挡块压下行程开关，这时电磁铁 1YA、2YA、3YA 都失电，电液动换向阀 5 处于中位，动力滑台停止运动，变量泵 2 输出油液的压力升高，使泵的流量自动减至最小。

2. 电磁铁动作循环表

YT4543 型动力滑台液压传动系统的电磁铁动作循环表如表 9-1 所示。

表 9-1　YT4543 型动力滑台液压传动系统电磁铁动作循环表

动 作 程 序	1YA	2YA	3YA
快进	+	−	−
一工进	+	−	−
二工进	+	−	−
死挡铁停留	−	−	+
快退	−	+	−
原位停止	−	−	−

3. 系统中应用的液压基本回路

（1）调速回路：采用了由限压式变量泵和调速阀组成的容积节流调速回路。它既满足系统调速范围大,低速稳定性好的要求,又提高了系统的效率。在回油路上增加了一个背压阀,改善了速度稳定性,另一方面是为了使滑台能承受一定的与运动方向一致的切削力。

(2) 快速运动回路:采用差动连接实现快进。这样可以得到较高的快进速度,同时变量泵又系统不致于效率过低。

(3) 换向回路:应用电液换向阀实现换向。工作平稳、可靠,并由压力继电器与时间继电器发出的电信号控制换向信号。

(4) 快速运动与工作进给的换接回路:采用行程换向阀实现速度的换接,换接的性能较好。

(5) 两种工作送给的换接回路:采用了两个调速阀串联的回路结构。

【复习延伸】

题图 9-1 所示为专用铣床液压传动系统,要求机床工作台一次可安装两支工件,并能同时加工。工件的上料、卸料由手工完成,工件的夹紧及工作台进给运动由液压传动系统完成。

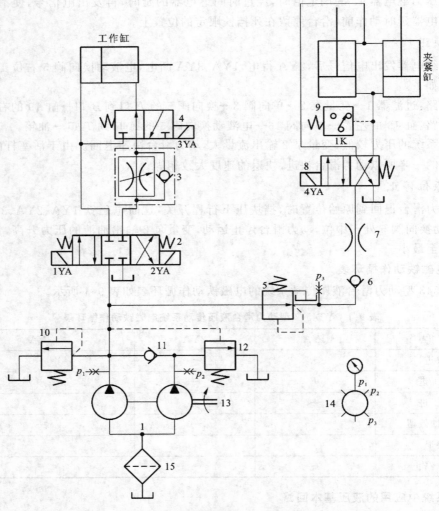

题图 9-1

机床的工作循环为"手工上料→工件自动夹紧→工作台快进→铣削进给→工作台快退→夹具松开→手工卸料"。分析系统回答下列问题：① 填写电磁铁动作顺序表；② 系统由哪些基本回路组成；③ 哪些工况由双泵供油，哪些工况由单泵供油；④ 说明元件单向阀 6、压力继电器 9、减压阀 5、单向阀 11 在系统中的作用。

◀ 任务 2　液压压力机液压传动系统 ▶

【任务导入】

本任务主要是在明确液压压力机（简称液压机）工作要求的前提下，了解并掌握其液压传动系统构成，通过对液压传动系统的学习和分析，掌握阅读液压与气压传动系统图的方法。

【任务分析】

液压机是一种能完成锻压、冲压、冷挤、校直、折边、弯曲、成形打包等工艺的压力加工机械，它可用于加工金属、塑料、木材、皮革、橡胶等各种材料。它具有压力和速度调节范围大、可在任意位置输出全部功率和保持所需的压力等优点，在许多工业部门得到了广泛的应用。液压机的类型很多，其中以四柱式液压机最为典型，通常由横梁、导柱、工作台、滑块和顶出机构等部件组成。YA32-200 型液压机通常压力 20～30 MPa，主缸工作速度不超过 50 m/min，快进速度不超过 300 m/min。

【相关知识】

图 9-2 所示为 YA32-200 型液压机液压传动系统图。

在它的四个立柱之间安置着上、下两个液压缸，上液压缸驱动上滑块，实现"快速下行→慢速加压→保压延时→快速返回→原位停止"的动作循环；下液压缸驱动下滑块，实现"向上顶出→向下退回→原位停止"或"浮动压边下行→停止→顶出"的动作循环。液压机液压传动系统以压力控制为主，系统具有压力高、流量大、功率大的特点。

1. 系统工作原理

1) 上缸工作原理

（1）启动　按下启动按钮，主泵 1 和辅助泵 2 同时启动，此时系统中所有电磁阀的电磁铁均处于失电状态，主泵 1 输出的油经电液换向阀 6 的中位及阀 21 的中位流回油箱（处于卸荷状态），辅助泵 2 输出的油液经低压溢流阀 3 流回油箱，系统实现空载启动。

（2）快速下行　泵启动后，按下快速下行按钮，电磁铁 1Y、5Y 得电，电液换向阀 6 右位接入系统，控制油液经电磁换向阀 8 右位使液控单向阀 9 打开，上缸带动上滑块实现空载快速运动。这时油路的流动情况如下。

进油路：主泵 1→换向阀 6（右位）→单向阀 13→上缸 16（上腔）。

回油路：上缸 16（下腔）→液控单向阀 9→换向阀 6（右位）→换向阀 21（中位）→油箱。

由于上缸竖直安放，上缸滑块在自重作用下快速下降，此时泵 1 虽处于最大流量状态，

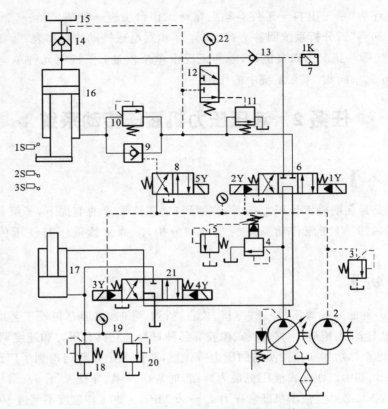

图 9-2　YA32-200 型液压机液压传动系统图

1—主泵；2—辅助泵；3、4、18—溢流阀；5—远程调压阀；6、21—电液换向阀；7—压力继电器；
8—电磁换向阀；9—液控单向阀；10、20—背压阀；11—顺序阀；12—液控滑阀；13—单向阀；14—充液阀；
15—油箱；16—上缸；17—下缸；19—节流器；22—压力表

但仍不能满足上缸快速下降的流量需要，因而在上缸上腔会形成负压，上部副油箱 15 的油液在一定的外部压力作用下，经液控单向阀 14（充液阀）进入上缸上腔，实现对上缸上腔的补油。

（3）慢速下行接近工件并加压　当上滑块降至一定位置时（事先调好），压下电气行程开关 2S 后，电磁铁 5Y 失电，电磁换向阀 8 左位接入系统，使液控单向阀 9 关闭，上缸下腔油液经背压阀 10、阀 6 右位、阀 21 中位回油箱。此时，上缸上腔压力升高，充液阀 14 关闭。上缸滑块在泵 1 的压力油作用下慢速接近要压制成形的工件。当上缸滑块接触工件后，由于负载急剧增加，使上腔压力进一步升高，变量泵 1 的输出流量自动减小。这时油路的流动情况如下。

进油路：主泵 1→换向阀 6（右位）→单向阀 13→上缸 16（上腔）。

回油路：上缸 16（下腔）→背压阀 10→换向阀 6（右位）→换向阀 21（中位）→油箱。

（4）保压　当上缸上腔压力达到预定值时，压力继电器 7 发出信号，使电磁铁 1Y 失电，阀 6 回中位，上缸的上、下腔封闭，由于阀 14 和 13 具有良好的密封性能，使上缸上腔实现保压，其保压时间由压力继电器 7 控制的时间继电器调整实现。在上腔保压期间，油泵卸荷，油路的流动情况如下。

主泵 1→换向阀 6(中位)→换向阀 21(中位)→油箱。

(5) 泄压、上缸回程 保压过程结束,时间继电器发出信号,电磁铁 2Y 得电,阀 6 左位接入系统。由于上缸上腔压力很高,液动换向阀 12 上位接入系统,压力油经阀 6 左位、阀 12 上位使外控顺序阀 11 开启,此时泵 1 输出油液经顺序阀 11 流回油箱。泵 1 在低压下工作,由于充液阀 14 的阀芯为复合式结构,具有先卸荷再开启的功能,所以阀 14 在泵 1 较低压力作用下,只能打开其阀芯上的卸荷针阀,使上缸上腔的很小一部分油液经充液阀 14 流回副油箱 15,上腔压力逐渐降低。当该压力降到一定值后,阀 12 下位接入系统,外控顺序阀 11 关闭,泵 1 供油压力升高,使阀 14 完全打开,这时油路的流动情况如下。

进油路:泵 1→阀 6(左位)→阀 9→上缸 16(下腔);

回油路:上缸 16(上腔)→阀 14→上部副油箱 15。

(6) 原位停止 当上缸滑块上升至行程挡块压下电气行程开关 1S,使电磁铁 2Y 失电,阀 6 中位接入系统,液控单向阀 9 将主缸下腔封闭,上缸在起点原位停止不动,油泵卸荷,油路的流动情况如下。

主泵 1→换向阀 6(中位)→换向阀 21(中位)→油箱。

2) 下缸工作原理

(1) 向上顶出 工件压制完毕后,按下顶出按钮,使电磁铁 3Y 得电,换向阀 21 左位接入系统。这时油路的流动情况如下。

进油路:泵 1→换向阀 6(中位)→换向阀 21(左位)→下缸 17(下腔);

回油路:下缸 17(上腔)→换向阀 21(左位)→油箱。

(2) 向下退回 下缸 17 活塞上升,顶出压好的工件后,按下退回按钮。当电磁铁 3Y 失电,4Y 得电换向阀 21 右位接入系统,下缸活塞下行,使下滑块退回到原位。这时油路的流动情况如下。

进油路:泵 1→换向阀 6(中位)→换向阀 21(右位)→下缸 17(上腔);

回油路:下缸 17(下腔)→换向阀 21(右位)→油箱。

(3) 原位停止 下缸到达下终点后,使所有的电磁铁都断电,各电磁阀均处于原位,泵低压卸荷。

(4) 浮动压边 有些模具工作时需要对工件进行压紧拉伸。当在压力机上用模具作薄板拉伸压边时,要求下滑块上升到一定位置实现上、下模具的合模,使合模后的模具既保持一定的压力将工件夹紧,又能使模具随上滑块组件的下压而下降(浮动压边)。这时,换向阀 21 处于中位,由于上缸的压紧力远远大于下缸往上的顶力,上缸滑块组件下压时下缸活塞被迫随之下行,下缸下腔油液经节流器 19 和背压阀 20 流回油箱,使下缸下腔保持所需的向上的压边压力。调节背压阀 20 的开启压力大小,即可起到改变浮动压边力大小的作用。下缸上腔则经阀 21 中位从油箱补油。溢流阀 18 为下缸下腔安全阀,只有在下缸下腔压力过载时才起作用。

2. 电磁铁动作循环表

YA32-200 型液压机液压传动系统的电磁铁动作循环表如表 9-2 所示。

表 9-2　YA32-200 型液压机液压传动系统电磁铁动作循环表

动作程序		1Y	2Y	3Y	4Y	5Y
上缸	快速下行	+	−	−	−	+
	慢速加压	+	−	−	−	−
	保压	−	−	−	−	−
	泄压回程	−	+	−	−	−
	停止	−	−	−	−	−
下缸	顶出	−	−	+	−	−
	退回	−	−	−	+	−
	压边	+	−	−	−	−
	停止	−	−	−	−	−

3．系统中应用的液压基本回路

该液压传动系统主要由压力控制回路、换向回路、快慢速换接回路和平衡锁紧回路等组成。其主要性能特点如下。

(1) 系统采用高压大流量恒功率(压力补偿)柱塞变量泵供油,通过电液换向阀 6、21 的中位机能使主泵 1 空载启动,在上、下液压缸原位停止时主泵 1 卸荷,利用系统工作过程中压力的变化来自动调节主泵 1 的输出流量与上缸的运动状态相适应,这样既符合液压机的工艺要求,又节省能量。

(2) 系统利用上滑块的自重实现上液压缸快速下行,并用充液阀 14 补油,使快速运动回路结构简单,补油充分,且使用的元件少。

(3) 系统采用带缓冲装置的充液阀 14、液动换向阀 12 和外控顺序阀 11 组成的泄压回路,结构简单,减小了上缸由保压转换为快速回程时的液压冲击,使液压缸运动平稳。

(4) 系统采用单向阀 13、14 保压,并使系统卸荷的保压回路在上缸上腔实现保压的同时实现系统卸荷,因此系统节能效果好。

(5) 系统采用液控单向阀 9 和内控顺序阀组成的平衡锁紧回路,使上缸滑块在任何位置能够停止,且能够长时间保持在锁定的位置上。

【复习延伸】

如题图 9-2 所示为一液压机液压传动系统。其动作循环是:快进→慢进→保压→快退→停止。大直径液压缸 1 为主缸,小直径液压缸 2 为实现快速运动的辅助缸。试根据动作循环要求读懂系统图,写出循环中各阶段液压油流通情况,并说明下列液压元件在系统工作中所起的作用:① 单向阀 5;② 顺序阀 3;③ 节流阀 4;④ 压力继电器 7;⑤ 液控单向阀 6。

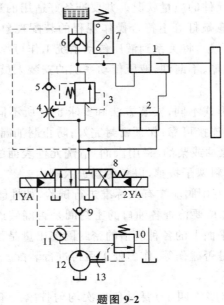

题图 9-2

◀ 任务 3　液压传动系统的安装、调试、使用与维护 ▶

【任务导入】

本任务主要介绍液压传动系统的安装、调试、使用与维护方法。

【任务分析】

液压设备的安装、调试与使用维护是液压设备正常、可靠运行的一个重要保证。液压设备安装、调试与使用维护不合理,将会造成液压设备无法正常运行,给生产带来巨大的经济损失,甚至造成重大事故。因此需熟悉掌握液压设备安装时的注意事项、掌握液压设备调试步骤、掌握液压传动系统常见故障的诊断和排除方法。

【相关知识】

一、液压传动系统的安装

液压传动系统的安装注意事项如下。

1. 技术文件和资料的阅读与理解

安装前应该熟悉有关技术资料和技术文件,如液压传动系统原理图、电气原理图、液压部件的总装图、管道布置图、液压元件和附件清单、产品样本与说明书等。

2. 物料的准备与检查

电液控制系统总装前,应按照液压传动系统图和液压元附件清单,核对液压件、附件的数量和型号,逐一检查液压元件的质量状况。并要准备好适用的通用工具和专用工具,严禁诸如用螺丝刀代替扳手、任意敲打等不符合操作规程的装配现象。液压元件的技术性能是否符合要求、管件质量是否合格,将关系到液压传动系统工作可靠性和运行的稳定性。要使液压传动系统运行时少出故障、不漏油,液压传动系统的安装人员一定要把好质量关。

3. 阀类元件的安装

阀类元件因种类繁多、形式不同,安装方法和要求也有所不同。一般来说,安装液压阀时,应该防止油口装反;保证连接可靠;保证密封完好;防止漏油漏气等,具体如下。

（1）安装时,先用干净煤油或柴油(忌用汽油)清洗元件表面的防锈剂及其他污物,此时注意不可将塞在各油口的塑料塞子拔掉,以免污物进入阀内。

（2）对自行设计制造的专用阀应按有关标准进行试验,如性能试验、耐压试验等。

（3）板式阀类元件安装时,要检查各油口的密封圈是否漏装或脱落,是否突出安装平面而有一定的压缩余量,同一平面上的各种规格的密封圈突出量是否一致,安装O形圈各油口的沟槽是否拉伤,安装面上是否碰伤等,作出处置后再进行装配。O形圈涂上少许黄油可防止脱落。

（4）板式阀的安装螺钉(多为四个)要对角逐次均匀拧紧。不要单个螺钉先拧紧,这样会造成阀体变形及底板上的密封圈压缩余量不一致造成漏油和冲出密封圈。

（5）进出油口对称的阀容易将进出油口装反,对外形相似的压力阀类,安装时应特别注意区分以免装错。

（6）对管式阀,往往有两个进油口或两个回油口,为了安装与使用方便,安装时应将不用的油口用螺塞堵死或作其他处理,以免运转时喷油或产生故障。

（7）电磁换向阀一般宜水平安装,垂直安装时电磁铁一般朝上(两位阀),设计安装板时应考虑这一因素。

（8）溢流阀(先导式)有一遥控口,当不采用远程控制时,应用螺塞堵住(管式)或安装板不钻通(板式)。

4. 液压泵的安装

（1）安装时,泵与原动机之间的联轴器形式及安装要求必须符合制造厂的规定,否则容易引起振动与噪声。

（2）外露旋转轴与联轴器必须安装防护罩。

（3）液压泵的进油管必须短而直,避免弯曲与断面突变。在规定的油液黏度范围内,泵的进油压力与其他条件必须符合泵制造厂的规定。

（4）液压泵与原动机的安装底座必须有足够的刚性,以保证运转时同轴。

（5）液压泵的进油管路密封必须可靠,不得吸入空气,进出油口不得接反。

（6）高压大流量液压泵推荐采用高压软管、底座弹性减振垫、橡胶弹性补偿接管等。

5. 液压缸的安装

（1）液压缸安装必须符合设计图样和制造厂的规定。

（2）安装时,如果结构允许,油口位置应在最上面,以便排气。

（3）液压缸安装应牢固可靠,为防止热膨胀的影响,一般液压缸的一端保持浮动。

（4）液压缸的安装面和活塞杆的滑动面应保持足够的平行度和垂直度。

（5）配管连接不得松弛。

（6）密封圈不可太紧，以免破坏密封。

6. 液压马达的安装

（1）安装时，泵与原动机之间的联轴器形式及安装要求必须符合制造厂的规定。

（2）外露旋转轴与联轴器必须安装防护罩。

（3）液压马达的管路密封必须可靠，不得吸入空气，进出油口不得接反。

7. 管路与其他辅件的安装

液压传动系统中的辅助元件，包括管路及管接头、过滤器、油冷却器、密封、蓄能器及仪表等，辅助元件的安装好坏也会严重影响到液压传动系统的正常工作。热交换器安装要注意位置必须低于油箱最低液面；密封件安装要注意使用压力、温度和安装参数必须符合制造厂规定；蓄能器安装位置必须远离热源；等等。

管路安装一般在所连接的设备与元件安装完毕以后进行。管路的安装质量影响到漏油、漏气、振动和噪声以及压力损失的大小，并由此会产生多种故障。管路的安装应注意下列事项。

（1）根据工作压力和使用场合选择管件。油管长度要适宜。施工中可先用铁丝比划弯成所需形状，再展直，决定出油管长度。完全按设计图往往长度不一定十分准确。

（2）管路排列和走向尽量整齐一致，在满足连接的前提下，管道尽可能短，避免急拐弯，拐弯的位置越少越好，以减少压力损失。

（3）平行及交叉的管道间距至少在 10 mm 以上，防止相互干扰及振动引起管道的相互敲击碰擦；同排管路的法兰或活接头应相间错开 100 mm 以上，保证装拆方便。

（4）油管可用冷弯（铜管），也可用热弯（钢管）。热弯的管子应将管内氧化皮去掉。

（5）吸油管宜短宜粗些，一般吸油管口都装有过滤器，过滤器必须至少在油面以下 200 mm。对于柱塞泵的进油管，推荐管口不装滤油口，可将管口处切成 45°斜面，斜面孔朝向箱壁，这样可增大通流面积降低流速并防止杂质吸入油泵。

（6）液压传动系统的回油管尽量远离吸油管并应插入油箱油面之下，可防止回油飞溅而产生气泡并很快被吸进泵内。回油管管口应切成 45°斜面以扩大通流面积、改善回油流动状态以及防止空气反灌进入系统内。

（7）溢流阀的回油为热油，应远离吸油管，这样可避免热油未经冷却又被泵吸入系统，造成温升。

（8）钢管路酸洗应该在管路配置完毕，并且已具备冲洗条件后进行，管路酸洗复位后，应尽快进行循环冲洗，保证清洁及防锈。

二、液压传动系统的调试

一个新组装的液压传动系统，其实际性能和设计的理论值不一定完全一致，在使用前必须进行调试，才能正确充分地发挥系统功能。调试顺序一般是先手动后自动；先调低压，然后调高压；先调控制回路，后调主回路；先调轻载，后调重载；先调低速，后调高速；先调静态指标，后调动态指标。系统的动态和静态指标测试记录可以作为日后系统运行状况评估的参照。

1. 开机和正常停机与液压源调试

开机时应先让控制台通电，然后启动液压源。如果先启动液压源，容易使一些液压伺服系统零位偏置,影响系统正常工作。液压源启动前,应将溢流阀压力调至最低,使泵卸荷启动,启动正常后,再将溢流阀逐渐分级升压(每级 3~5 MPa,每挡时间 10 min),调整系统压力至需要值。升压过程中应多次开启系统放气口排气。

停机时,先停液压源,再切断控制台电源,如果反操作,容易出现撞缸之类事故发生。

2. 压力调试

系统压力调试应该从调定值最高的主溢流阀开始,逐次调整各个支路的各种压力阀。压力调定后,将调整螺杆锁紧。

3. 流量调试(执行机构调速)

速度调节应该在正常的工作压力和正常的工作油温的情况下进行,遵循先低速后高速的原则。

液压马达转速调试,液压马达在投入运行前,应该和工作机构脱离。在空载下线点动,再从低速到高速逐步调试并注意排气,然后反向运转。同时检查温度和噪声是否正常。空转正常后,停机将马达与工作机构连接,再次从低速到高速负载运转。如出现低速爬行现象,可检查工作机构润滑是否充分,系统排气是否彻底,或有无其他机械干扰。

液压缸速度调试与液压马达调试相似。系统速度调试应该逐个回路进行,在调试一个回路时,其余回路应该处于关闭状态。调试应该有详细规程和调试记录。

三、液压传动系统的使用维护

1. 日常检查

启动前检查,油箱液位是否正常;行程开关和限位块是否紧固;手动和自动循环是否正常;电磁阀是否处于原始状态。

设备运行中检查,压力是否稳定在规定范围;噪声、振动有无异常;油温是否正常(小于60 ℃);有无漏油;电压是否保持在额定电压的 5%~15%范围内。

2. 定期检查

(1)螺钉与管接头定期紧固。10 MPa 以上系统每月一次,10 MPa 以下系统每三个月一次。

(2)过滤器、空气滤清器定期检查。一般一月一次。

(3)油箱、管道、阀板检查。一般在大修时检查。

(4)压力表检查,按设备使用情况规定周期。

(5)高压软管检查,根据使用工况规定更换时间。

(6)液压元件检查,根据使用工况规定对液压元件进行在线性能测定

(7)油液污染检查,新油使用 1 000 h 后取样化验,或者按照设备规定周期换油。

四、液压传动系统常见的故障

液压传动系统故障大部分属于突发性故障和磨损性故障,一般来说,液压传动系统发生故障的因素大概 85%是由油液污染造成的。液压传动系统常见的故障有:噪声和振动、爬行、泄漏、冲击、油温过高、压力不足和运动速度低于规定值或不运动等。

1. 噪声和振动

要先找出产生噪声的部位,分析产生噪声和振动的原因,加以排除。

（1）噪声发生于油泵中心线以下，产生原因主要是油泵吸空，也可能是由以下几个方面造成：

① 油泵进油管漏气，可找出漏气部位加以排除；

② 吸油管过细、过长或浸入油面太低（一般吸油口应浸入油高 2/3 左右）；

③ 吸油高度过高，一般应小于 500 mm；

④ 过滤器堵塞，可清洗过滤器；

⑤ 油箱中油少，应补充油液达到标高。

（2）发生于油泵附近的噪声，这是油泵的故障引起的：

① 油泵精度低或困油未消除，需进行修理；

② 油泵因磨损而使径向和轴向间隙增大，输油量不足，需修理；

③ 油泵吸油部位有损坏，需检查、修理。

（3）发生在控制阀附近的噪声，其原因主要为控制阀失灵：

① 控制阀阻尼小孔堵塞，应疏通小孔并进行清理换油；

② 调压弹簧永久变形或损坏，应更换弹簧；

③ 阀座损坏、密封不良或配合间隙过大，造成高低压油互通，应进行修理或换新阀；

④ 噪声发生在油缸部位，一般这是油缸中进入空气造成的，应进行排气；

⑤ 机械系统引起的振动。

机械系统引起的振动如管道碰壁、泵与电动机间的联轴器安装时同轴度超差、电动机和其他零件动平衡不良、传动齿轮精度低、运动部件缺乏阻尼而产生冲击及外界振动引起液压传动系统振动等。应根据产生原因加以排除。

2. 爬行

爬行是液压传动系统中常见的不正常运动状态。其现象在轻微时为目光不易发现的振动，显著时为大距离的跳动。爬行一般发生于低速运动中。磨床工作台产生爬行时，将会严重影响工件的表面质量。产生爬行的原因有以下几方面。

（1）气混入液压传动系统，在压力油中形成气泡。应检查油泵、油缸两端油封和液压传动系统中各连接处的漏气处，加以排除。

（2）油液中有杂质，将小孔堵塞、滑阀卡死等。应清洗油路、油箱，更换液压油，并注意保持油液清洁，定期更换油液。

（3）精度不好，润滑不良，润滑油压力小和油缸中心线与导轨不平行等原因使摩擦阻力发生变化而引起爬行。可根据产生原因进行修理、采取防爬导轨润滑油来解决。

（4）静压润滑导轨时，润滑油控制装置失灵，润滑油供应不稳定或中断也会引起爬行。可通过调整或修理控制装置排除爬行现象。

（5）液压元件故障造成爬行。如节流阀小流量时不稳定，油缸内表面拉毛等。应更换节流阀，检修油缸来排除故障。

3. 泄漏

泄漏是指由于各液压元件的密封件损坏、油管破裂、配合件间隙增大、油压过高等原因，引起油液泄漏。泄漏会降低压力和速度，浪费油液，降低效率。应查明泄漏部位及原因，加以修复，并适当降低工作压力。

4. 油温过高

液压传动系统工作时，部分液压能量转化为热能，使油温增高。为了保证加工精度和系统稳定,一般液压传动中油温应低于 60 ℃,程序控制液压机床油温应低于 50 ℃,精密机床油温应低于 10～15 ℃。

引起油温过高的原因很多,应分别采用降温措施。

(1) 压力损耗大,压力能转换为热能,使油温升高。如管路太长、弯曲过多、截面变化,管子中污物多而增加压力损失,油液黏度太大等。

(2) 连接、配合处泄漏,容积损耗大,使油温升高。

(3) 机械损失引起油温升高。如液压元件加工精度和装配质量差、安装精度差、润滑不良、密封过紧而使运动阻滞,摩擦损耗大;油箱太小,散热条件差,冷却装置发生故障等。

5. 压力不足

压力控制阀失效,使液压传动系统不能正常工作循环,甚至运动部件不运动或运动速度下降。产生原因如下。

(1) 油泵故障。如油泵径向和轴向间隙过大,油泵进、出口装反或电动机反转,油泵的叶片、柱塞被卡死和油泵各连接处密封不严等。应查明原因,改正或修复。

(2) 压力控制阀的活动零件被卡死在开口位置而使压力油经压力控制阀而回油,弹簧断裂或进出口装反等,应检修。

(3) 进油口过滤器堵塞,使油泵吸油不畅,油箱中油液不足、油液黏度大而使吸油困难,一些控制阀内泄而使高低压油路相通等。应分析原因,排除故障。

【复习延伸】

(1) 简述液压传动系统的维护内容。
(2) 简述液压传动系统油温过高的故障原因。
(3) 分析液压传动系统压力不足的引发原因。
(4) 简述液压缸爬行的原因。

项目 10
气源装置及气动辅助元件

◀ **知识目标**

    (1)掌握空气压缩机的工作原理；

    (2)熟悉常见的气动辅助元件；

    (3)了解气源装置的构成。

◀ **能力目标**

    (1)掌握空气压缩机的工作原理；

    (2)掌握常见气动辅助元件的使用及维护方法。

任务1 气源装置

【任务导入】

气源装置与液压泵一样都是动力源。气源装置的主体是空气压缩机，空气压缩机产生的压缩空气，还需经过降温、净化、减压、稳压等一系列的处理才能满足气压系统的要求。本任务要求掌握气源装置的组成与关键设备的工作原理。

【任务分析】

气源装置为气动系统提供符合规定质量要求的压缩空气，是气动系统的动力装置。气动设备对压缩空气的主要要求是具有一定压力、流量、洁净度和合适的温度。气源装置的主体是空气压缩机，由于大气中混有灰尘、水蒸气等杂质，并且空气压缩机出口气温较高，因此，由大气压缩而成的压缩空气必须经过降温、净化、稳压等一系列处理后方可供给系统使用。这就需要在空气压缩机出口管路上安装一系列辅助元件，如冷却器、油水分离器、过滤器、干燥器等。

【相关知识】

一、气源装置概述

1. 气压系统对压缩空气的要求及净化

压缩空气中混有灰尘和水蒸气等杂质。空气压缩机排气口温度可高达 140～170 ℃，润滑空气压缩机气缸的油会变为蒸气。在一定的压力温度条件，压缩空气中的水蒸气因饱和而凝结成水滴，并集聚在气压元件或气压装置的管道中，这样会促使元件腐蚀和生锈，在寒冷地区还有使管道冻裂的危险。混在压缩空气中的油蒸气有引起爆炸的危险，使气压系统或气压元件结构中使用的橡胶、塑料等密封材料老化。压缩空气中含有灰尘等杂质产生磨损作用，使气压元件产生漏气，系统效率降低，影响气压元件的工作寿命。压缩空气中混入灰尘、水分、油分等杂质后会混合形成一种胶体状杂质沉积在气压元件上，它们会堵塞节流孔或气流管道，使气压信号不能正常传递，造成气压元件或气压系统工作不稳定或失灵。所以气源装置的输出压缩空气在经过降温、净化、稳压等处理后达到下列要求才可以输出使用。

（1）要求压缩空气具有一定的压力和足够的流量，满足气压系统的需求。

（2）对压缩空气具有一定的净化要求，不含有水分、油分。所含灰尘等杂质颗粒平均直径一般不超过下数值：气缸、膜片和截止式气动元件，不大于 50 μm；气马达、硬配滑阀，不大于 25 μm；射流元件，不大于 10 μm。

（3）有些气压装置和气压仪表还要求压缩空气的压力波动要小，能稳定在一定的范围之内才能正常工作。

2. 气源装置的组成和布置

图 10-1 所示为气源装置的组成。通常由空气压缩机 1 产生压缩空气,其吸气口装有空气过滤器,以减少进入空气压缩机中气体的灰尘杂质量。冷却器 2 用于降温冷却从空气压缩机中排出的高温压缩空气,将汽化的水、油凝结出来。油水分离器 3 用于使降温后凝结出来的油滴、水滴和杂质等从压缩空气中分离出来,并从排污口排出。储气罐 4、7 用以储存压缩空气以便稳定压缩空气的压力,同时,使压缩空气中的部分油分和水分沉积在储气罐底部以便于除去。干燥器 5 用于进一步吸收和排除压缩空气中的油分和水分,使之变为干燥空气。过滤器 6 用于进一步过滤压缩空气中的灰尘、杂质和颗粒。

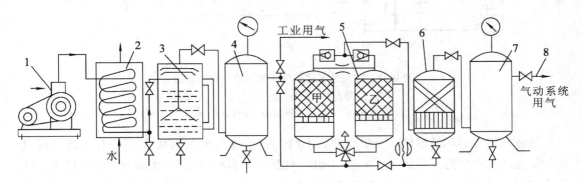

图 10-1 气源装置组成

1—空气压缩机;2—冷却器;3—油水分离器;4、7—储气罐;5—干燥器;6—过滤器;8—输气管

储气罐 4 中的压缩空气可用于一般要求的气压系统,储气罐 7 中的压缩空气可用于要求较高的气压系统(如气压仪表、射流元件等组成的系统)。

二、空气压缩机的原理与结构

气源装置中的主体是空气压缩机,它将原动机的机械能转换成气体的压力能,是产生压缩空气的气压发生装置。

1. 空气压缩机的分类

1)按工作原理分类

按工作原理不同,空气压缩机可以分为容积型和速度型两类。容积型空气压缩机是靠压缩空气的方法,使单位体积内空气分子密度增加,来提高空气压力的。速度型空气压缩机是利用提高气体分子的运动速度的方法,使气体分子具有的动能转化成气体的压力能。

2)按排气压力分类

按排气压力 p 不同,空气压缩机分为:鼓风机,$p < 0.2$ MPa;低压空气压缩机,0.2 MPa $< p < 1$ MPa;中压空气压缩机,1 MPa $< p < 10$ MPa;高压空气压缩机,10 MPa $< p < 100$ MPa。

3)按输出流量分类

按输出流量 q 不同,空气压缩机分为:微型空气压缩机,$q < 0.017$ m³/s;小型空气压缩机,0.017 m³/s $< q < 0.17$ m³/s;中型空气压缩机,0.17 m³/s $< q < 1.7$ m³/s;大型空气压缩机,$q > 1.7$ m³/s。

2. 空气压缩机的工作原理

容积型空气压缩机的常见结构形式有往复活塞式、往复膜片式、回转滑片式（叶片式）和回转螺杆式。在气压传动中，通常都采用容积型往复活塞式空气压缩机，按结构其又可分立式和卧式两种。其工作原理如图10-2所示。

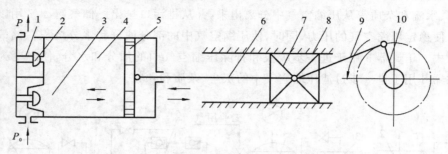

图 10-2　往复活塞式空气压缩机的工作原理图
1—弹簧；2—排气阀；3—吸气阀；4—气缸；5—活塞；
6—活塞杆；7—滑块；8—滑道；9—连杆；10—曲柄

活塞的往复运动是由原动机带动曲柄10转动，通过连杆9、滑块7、活塞杆6转化成直线往复运动而产生的。当活塞5向右运动时，气缸4内容积增大，形成部分真空而低于大气压力，外界空气在大气压力作用下推开吸气阀3而进入气缸中，这个过程称为吸气过程；当活塞向左运动时，吸气阀在缸内压缩气体的作用下而关闭，随着活塞的左移，缸内空气受到压缩而使压力升高，这个过程称为压缩过程；当气缸内压力增高到略高于输气管路内压力 p 时，排气阀2打开，压缩空气排入输气管路内，这个过程称为排气过程。曲柄旋转一周，活塞往复行程一次，即完成一个工作循环。

往复活塞式空压机流量、压力范围宽，单级压力可达 1 MPa，双级压力可达 1.5 MPa。

【复习延伸】

(1) 简述往复活塞式空气压缩机的工作原理。

(2) 空气压缩机的分类有哪些？

(3) 为什么空气压缩机的输出空气需要净化？主要经过哪些净化？

(4) 简述气源装置的组成与各部分功用。

(5) 比较一般工业用气与仪表与气动系统用气的区别。

◀ 任务 2　气动辅助元件 ▶

【任务导入】

本任务主要是了解常见的气压辅助元件，通过对气压辅助元件的学习和分析，掌握其工作机构原理。

【任务分析】

气源装置输出的压缩空气需经过降温、净化、稳压等一系列处理后方可供给系统使用，这就需要在空气压缩机出口管路上安装一系列辅助元件，如冷却器、油水分离器、过滤器、干燥器等。

【相关知识】

一、气源净化装置

1. 冷却器

冷却器的作用是使温度高达 $120\sim150$ ℃的空气压缩机排出的气体冷却到 $40\sim50$ ℃，并使其中的水蒸气和被高温氧化的变质油雾冷凝成水滴和油滴，以便对压缩空气实施进一步净化处理。冷却器有风冷式和水冷式两大类。风冷式是靠风扇产生的冷空气吹向带散热片的热空气管道来进行冷却。水冷式是通过强迫冷却水沿压缩空气流动方向的反方向流动来进行冷却的。冷却器一般使用水冷换热器，其结构形式有：列管式、散热片式、套管式和蛇形管式等，最常用的是蛇形管式和列管式，其结构与液压冷却器类似。如图 10-3 所示为蛇形管式冷却器。

2. 油水分离器

油水分离器的作用是分离压缩空气中凝聚的水分和油分等杂质，使压缩空气得到初步净化，其结构形式有环形回转式、撞击并折回式、离心旋转式、水浴式以及以上形式的组合式等。经常采用的是使气流撞击并产生环形回转流动的形式，其结构如图 10-4 所示。其工作原理是：当压缩空气由进气管进入除油器壳体以后，气流先受到隔板的阻挡，产生流向和速度的急剧变化（流向如图中箭头所示）。而在压缩空气中凝聚的水滴、油滴等杂质，受惯性作用而分离出来，沉降于壳体底部。由下部的排油阀、排水阀定期排出。

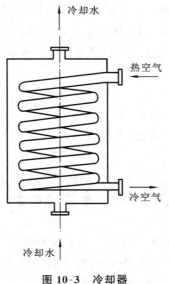

图 10-3　冷却器

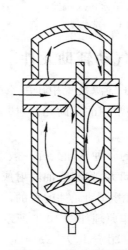

图 10-4　油水分离器

3. 储气罐

储气罐的作用主要有三个方面：其一是消除压力波动，保证输出气流流量与压力的稳定性；其二是储存一定量的压缩空气，当空压机发生意外事故（如停机、突然停电等）时，储气罐中储存的压缩空气可作为应急使用；其三是进一步分离压缩空气中的水分和油分。储气罐一般采用圆筒状焊接结构，有立式和卧式两种。一般以立式居多，进气口在下，出气口在上，并尽可能加大两口之间的距离，以利于进一步分离空气中的油水杂质。储气罐应布置在室外、人流较少处和阴凉处。

4. 干燥器

干燥器的作用是吸收和排除压缩空气中的水分、油分和杂质，使湿空气变成干空气的装置。目前使用的干燥方法主要有冷冻法、吸附法、机械法和离心法等。在工业上常用的有冷冻法和吸附法。冷冻法利用制冷设备使空气冷却到一定的露点温度，析出空气中超过饱和水蒸气压部分的水分，降低其含湿量，增加空气的干燥程度。吸附法利用硅胶、铝胶、分子筛、焦炭等吸附剂吸收压缩空气中的水分，使压缩空气得到干燥的方法。

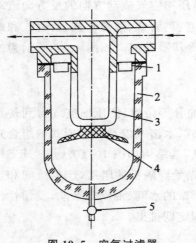

图 10-5　空气过滤器

1—旋风叶子；2—存水杯；3—滤芯；

4—挡水板；5—排水阀

5. 空气过滤器（分水滤气器）

空气过滤器的作用是滤除压缩空气中的杂质微粒，达到系统所要求的净化程度。常用的过滤器有一次过滤器（也称简易过滤器）和二次过滤器（也称分水滤气器），在空气压缩机的输出端使用的为二次过滤器。图10-5所示为二次过滤器的结构原理图。其工作原理是：从入口进入的压缩空气被引入旋风叶子1，旋风叶子上有许多呈一定角度的缺口，迫使空气沿切线方向产生强烈旋转。这样，夹杂在空气中的较大的水滴、油滴、灰尘等便依靠自身的惯性与存水杯2的内壁碰撞，并从空气中分离出来，沉到杯底。而微粒灰尘和雾状水汽则由滤芯3滤除。为防止气体旋转将存水杯中积存的污水卷起，在滤芯下部设有挡水板4。在水杯中的污水应通过下面的排水阀5及时排放掉。

二、其他气动辅助元件

气压系统除了气源装置中压缩空气的净化辅助元件之外，还有一些常用的辅助元件，如油雾器、消声器、供气管线等。

1. 油雾器

气压传动中的各种气动元件一般都需要润滑，油雾器是一种特殊的加注润滑油的装置，它以压缩空气为动力，将润滑油喷射成雾状并混合于压缩空气中，随着压缩空气进入需要润滑的部位，达到润滑气动元件的目的。

油雾器的工作原理如图10-6所示。压力为 p_1 的压缩空气流经狭窄的颈部通道时，流速增大，压力降为 p_2，由于压差 $\Delta p = p_1 - p_2$ 的出现，油池中的润滑油就沿竖直细管被吸往上方，并滴向颈部通道，随即被压缩气流喷射雾化带入系统。

安装油雾器时注意进、出口不能装错,垂直设置,不可倒置或倾斜。保持正常油面,不应过高或过低。

油雾器、分水滤气器、减压阀三件通常组合使用,称为气动三联件,是多数气压设备中必不可少的装置。其安装次序依进气方向为分水滤气器、减压阀、油雾器。

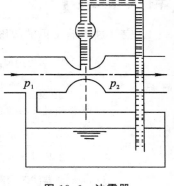

图 10-6 油雾器

2. 消声器

常用的消声器有三种类型:吸收型、膨胀干涉型和膨胀干涉吸收型。

吸收型消声器是依靠吸声材料来消声的。吸声材料有玻璃纤维、毛毡、泡沫塑料、烧结材料等。

膨胀干涉型消声器的结构很简单,相当一段比排气孔口径大的管件。当气流通过时,让气流在其内部扩散、膨胀、碰壁撞击、反射、互相干涉而消声。

膨胀干涉吸收型消声器是上述两种消声器的组合,也称混合型消声器。气流由斜孔引入,气流束互相冲撞、干涉,进一步减速,再通过敷设在消声器内壁的吸声材料排向大气。

3. 供气管线

1) 管道连接件

管道连接件包括管道和各种管接头。有了管道和各种管接头,才能把气动控制元件、气动执行元件,以及辅助元件等连接成一个完整的气动控制系统。

气动管道可分为硬管和软管两种。一些固定不动的、不需要经常装拆的地方,使用硬管。连接运动部件和临时使用、希望装拆方便的管路使用软管。硬管有钢管、铜管和硬塑料管等。软管有塑料管、尼龙管、橡胶管、金属编织塑料管,以及挠性金属导管等。常用的是紫铜管和尼龙管。

气动系统中使用的管接头其结构及工作原理与液压管接头的基本相似,分为卡套式、扩口螺纹式、卡箍式、快插式等。

2) 管道的布置

压缩空气管道系统的布置,可从下述诸方面进行考虑。

(1) 供气压力和流量 除了布置主气源的总管道外,对各部门及用气设备应按用气分段铺设相应直径的管道。同时,可设置各种压力管网,分组供气;也可采用管网与高压气瓶相结合的供气方法。

(2) 空气净化质量 根据备用气装置对空气质量的不同要求,可分别设计成一般供气系统和清洁供气系统。若清洁供气用气量不大,可单独设置小型净化干燥装置来满足要求。

设计和布置管道时应防止产生新的空气污染源。管路应有 $1\% \sim 2\%$ 的斜度,并在最低处设置排水器;所有分支管路都应从主气管上方接出;管道及阀门和管件的连接处不应成为冷凝水积聚地,内部不得有焊渣及其他残存物等。

(3) 供气的可靠性和经济性 气动管路布置要兼顾工作的可靠性和造价,以便取得较好的工作可靠性和经济性。

【相关拓展】

1. 空气过滤器常见的故障原因与排除方法(见表 10-1)

表 10-1　空气过滤器常见的故障原因与排除方法

故 障 现 象	原 因 分 析	排 除 方 法
压力过大	(1) 使用过细的滤芯	(1) 更换适当的滤芯
	(2) 滤清器的流量范围太小	(2) 换流量范围大的滤清器
	(3) 流量超过滤清器的容量	(3) 换大容量的滤清器
	(4) 滤清器滤芯网眼堵塞	(4) 用净化液清洗(必要时更换滤芯)
从输出端溢出冷凝水	(1) 未及时排出冷凝水	(1) 养成定期排水习惯或安装自动排水器
	(2) 自动排水器发生故障	(2) 修理(必要时更换)
	(3) 超过滤清器的流量范围	(3) 在适当流量范围内使用或者更换大容量的滤清器
输出端出现异物	(1) 滤清器滤芯破损	(1) 更换滤芯
	(2) 滤芯密封不严	(2) 检修滤芯的密封,紧固滤芯
	(3) 用有机溶剂清洗塑料件	(3) 用清洁的热水或煤油清洗
塑料水杯破损	(1) 在有机溶剂的环境中使用	(1) 使用不受有机溶剂侵蚀的材料(如使用金属杯)
	(2) 空气压缩机输出某种焦油	(2) 更换空气压缩机的润滑油,使用无油压缩机
	(3) 压缩机从空气中吸入对塑料有害的物质	(3) 使用金属杯
漏气	(1) 密封不良	(1) 更换密封件
	(2) 因物理(冲击)、化学原因使塑料杯产生裂痕	(2) 参看塑料杯破损栏
	(3) 泄水阀,自动排水器失灵	(3) 修理(必要时更换)

2. 油雾器常见的故障原因与排除方法(见表 10-2)

表 10-2　油雾器常见的故障原因与排除方法

故 障 现 象	原 因 分 析	排 除 方 法
油不能滴下	(1) 没有产生油滴下落所需的压差	(1) 加上文丘里管或换成小的油雾器
	(2) 油雾器反向安装	(2) 改变安装方向
	(3) 油道堵塞	(3) 拆卸,进行修理
	(4) 油杯未加压	(4) 因通往油杯的空气通道堵塞,需拆卸修理

故 障 现 象	原 因 分 析	排 除 方 法
油杯未加压	(1) 通往油杯的空气通道堵塞	(1) 拆卸修理
	(2) 油杯大、油雾器使用频繁	(2) 加大通往油杯的空气通孔,使用快速循环式油雾器
油滴数不能减少	油量调整螺丝失效	检修油量调整螺丝
空气向外泄漏	(1) 油杯破损	(1) 更换
	(2) 密封不良	(2) 检修密封
	(3) 观察玻璃破损	(3) 更换观察玻璃
油杯破损	(1) 用有机溶剂清洗	(1) 更换油杯,使用金属杯或耐有机溶剂油杯
	(2) 周围存在有机溶剂	(2) 与有机溶剂隔离

【复习延伸】

(1) 简述空气过滤器的工作原理及其在气动系统中的作用与位置。

(2) 后冷却器有哪几类?冷却原理是什么?

(3) 油水分离器应用什么原理分离空气中的油和水?

(4) 储气罐的作用有哪些?

(5) 简述油雾器的作用与工作原理。

(6) 气动系统的干燥方法有哪些?简述吸附式干燥器的工作原理。

(7) 消声器有哪几类?消声器一般安装在气动系统的什么位置?

项目 11
气动执行元件

◀ **知识目标**

(1)掌握气缸的结构原理；

(2)掌握气动马达的结构原理。

◀ **能力目标**

(1)掌握气缸的结构原理；

(2)掌握气动马达的结构原理；

(3)掌握常见的气动执行元件的选用方法。

◀ 任务 1 气 缸 ▶

【任务导入】

气动执行元件是将压缩空气的压力能转换为机械能的装置,包括气缸和气动马达。本任务学习各类常用气缸的结构及工作原理,掌握气缸的选用方法。

【任务分析】

气缸是气功系统的执行元件之一。它是将压缩空气的压力能转换为机械能并驱动工作机构作往复直线运动或摆动的装置。与液压缸比较,它具有结构简单、工作压力低和动作迅速等优点。

【相关知识】

一、气缸概述

气缸是用于实现直线运动或摆动并做功的元件,其结构、形状有多种形式,分类方法也很多,常用的有以下几种。

(1) 按压缩空气对活塞作用力的方向不同,分为单作用气缸和双作用气缸。单作用气缸只有一个方向的运动是靠气压传动,活塞的复位靠弹簧力或重力;双作用气缸活塞的往返运动全部靠压缩空气来完成。

(2) 按气缸的结构特征不同,分为活塞气缸、薄膜气缸和柱塞气缸。

(3) 按气缸的功能不同,分为普通气缸(包括单作用气缸和双作用气缸)、薄膜气缸、冲击气缸、气-液阻尼缸、缓冲气缸和摆动气缸等。

(4) 按安装方式不同,分为耳座气缸、法兰气缸、轴销气缸和凸缘气缸。

气缸主要用于实现直线往复运动,气缸的优点是结构简单、成本低、工作可靠;在有可能发生火灾和爆炸的危险场合使用安全;气缸的运动速度可达到 $1 \sim 3 \text{ m/s}$,这在自动化生产线中缩短了辅助动作的时间,提高了劳动生产率,具有十分重要的意义。但气缸也有缺点,主要是由于空气的压缩性使速度和位置控制的精度不高,输出功率小。

二、常见气缸的结构及工作原理

1. 普通气缸

1) 单作用气缸

单杆单作用气缸输出时,压缩空气作用在活塞端面上,推动活塞运动,而活塞的反向运动依靠弹簧力、重力或其他外力。如图 11-1 所示为弹簧复位的单杆单作用气缸,压缩空气由端盖上的 P 孔进入无杆腔,推动活塞向左运动,活塞退回由复位弹簧实现。

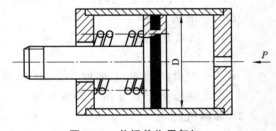

图 11-1 单杆单作用气缸

弹簧复位的单作用气缸由于单边进气,所以结构简单,耗气量小,但是由于用弹簧复位,使压缩空气的能量有一部分用来克服弹簧的反力,因而减小了活塞杆的输出推力,缸体内因安装弹簧而减小了空间,缩短了活塞的有效行程,气缸复位弹簧的弹力是随其变形大小而变化的,因此,活塞杆的推力和运动速度在行程中是变化的。因此,单作用活塞式气缸多用于短行程及对活塞杆推力、运动速度要求不高的场合,如定位和夹紧装置等。

气缸工作时,推力可用下式计算:

$$F = \frac{\pi}{4}D^2 p\eta_c - F_s \tag{11-1}$$

式中: F——活塞杆上的推力;

D——活塞直径;

p——气缸工作压力;

F_s——弹簧力;

η_c——气缸的效率,一般取 0.7~0.8,活塞运动速度小于 0.2 m/s 时取大值,活塞运动速度大于 0.2 m/s 时取小值。

2)双作用气缸

双作用气缸有单杆双作用气缸和双杆双作用气缸两种,其中单杆双作用气缸是使用最为广泛的一种普通气缸,如图 11-2 所示。

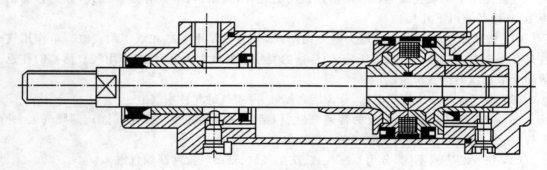

图 11-2 单杆双作用气缸

单杆双作用气缸工作时,活塞杆上的输出力用下式计算:

$$F_1 = \frac{\pi}{4}D^2 p\eta_c \tag{11-2}$$

$$F_2 = \frac{\pi}{4}(D^2 - d^2) p\eta_c \tag{11-3}$$

式中: F_1——当无杆腔进气时活塞杆上的输出力;

F_2——当有杆腔进气时活塞杆上的输出力;

D——活塞直径;

d——活塞杆直径;

p——气缸工作压力;

η_c——气缸的效率,一般取 0.7~0.8,活塞运动速度小于 0.2 m/s 时取大值,活塞运动速度大于 0.2 m/s 时取小值。

2. 薄膜气缸

如图 11-3 所示,薄膜气缸是一种利用压缩空气通过膜片推动活塞杆作往复直线运动的气缸,它由缸体、膜片、硬芯和活塞杆等主要零件组成。其功能类似于活塞式气缸,也分单作用式薄膜气缸和双作用式薄膜气缸两种。

薄膜气缸的膜片可以做成盘形膜片和平膜片两种形式。膜片材料为夹织物橡胶、钢片或磷青铜片。常用的是夹织物橡胶,橡胶的厚度为 5～6 mm,有时也可用 1～3 mm。金属膜片只用于行程较小的薄膜气缸中。

薄膜气缸与活塞气缸相比较,具有结构简单、紧凑、质量小、制造容易、成本低、维修方便、寿命长、密封性能好、泄漏小、效率高等优点。但是膜片的变形量有限,故其行程短,一般不超过 40～50 mm,且气缸活塞杆上的输出力随着行程的加大而减小。薄膜气缸广泛应用于各种自锁机构及夹具中。

3. 冲击气缸

冲击气缸是一种体积小、结构简单、易于制造、耗气功率小但能产生相当大的冲击力的气缸,主要由缸体、中盖、活塞和活塞杆等零件组成,如图 11-4 所示。与普通气缸相比,冲击气缸在结构上比普通气缸增加了一个具有一定容积的蓄能腔和喷嘴,中盖与缸体固定,中盖和活塞把气缸分隔成三个部分,即蓄能腔、活塞腔和活塞杆腔。

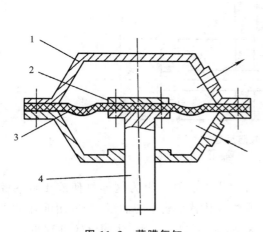

图 11-3　薄膜气缸

1—缸体;2—硬芯;3—膜片;4—活塞杆

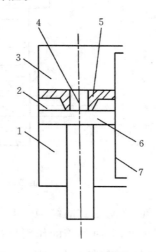

图 11-4　冲击气缸

1—活塞杆腔;2—活塞腔;3—蓄能腔;4—喷嘴口;
5—中盖;6—活塞;7—缸体

冲击气缸的工作原理:当压缩空气进入蓄能腔时,其压力只能通过喷嘴口小面积地作用在活塞上,还不能克服活塞杆腔的排气压力所产生的向上的推力,以及活塞与缸体间的摩擦力,喷嘴处于关闭状态,从而使蓄能腔的充气压力逐渐升高。当蓄能腔充气压力升高到能使活塞向下移动时,活塞的下移使喷嘴口开启,聚集在蓄能腔中的压缩空气通过喷嘴口突然作用于活塞的全部面积上。高速气流进入活塞腔进一步膨胀并产生冲击波,波的正面压力可高达气源压力的几倍到几十倍,给予活塞很大的向下推力。此时活塞杆腔内的压力很低,活塞在很大的压差作用下迅速加速,在很短的时间内(0.25～1.25 s)以极高的速度(可达10 m/s)向下冲击,从而获得很大的动能。利用这个能量可产生很大的冲击力,实现冲击做功,完成锻造、冲压等作业。当气孔进气,气孔与大气相通时,作用在活塞下端的压力,使活塞上升,封住喷嘴口,活塞腔残余气体经低压排气阀排向大气。

冲击气缸与同等做功能力的冲压设备相比,具有结构简单、体积小、成本低、使用可靠、易维修、冲裁质量好等优点。缺点是噪声较大,能量消耗大,冲击效率较低。故在加工数量大时,不能代替冲床。总的来说,由于它有较多的优点,所以在生产上得到日益广泛的应用。

4. 气-液阻尼缸

普通气缸工作时,由于气体的压缩性,当外部载荷变化较大时,会产生"爬行"或"自走"现象,使气缸工作不稳定。为了使气缸运动平稳,通常采用气-液阻尼缸。

气-液阻尼缸是由液压缸和气缸串联组合而成,如图 11-5 所示。它是以压缩空气为能源,并利用油液的不可压缩性和控制油液排量来获得活塞的平稳运动和调节活塞的运动速度。它将液压缸和气缸串联成一个整体,两个活塞固定在一根活塞杆上。当气缸右端供气时,气缸克服外负载并带动液压缸同时向左运动,此时液压缸左腔排油、单向阀关闭。油液只能经节流阀缓慢流入液压缸右腔,对整个活塞的运动起阻尼作用。调节节流阀的阀口大小就能达到调节活塞运动速度的目的。当压缩空气从气缸左腔进入时,液压缸右腔排油,此时因单向阀开启,活塞能快速返回原来的位置。

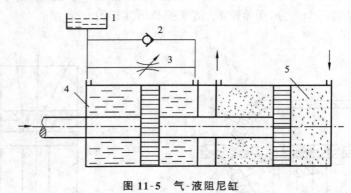

图 11-5 气-液阻尼缸

1—油箱;2—单向阀;3—节流阀;4—液压缸;5—气缸

这种气-液阻尼缸的结构一般是将双活塞杆缸作为液压缸。因为这样可使液压缸两腔的排油量相等,此时油箱的作用只是用来补充液压缸因泄漏而减少的油量,一般用油杯就可以了。这种缸的缸体较长,加工与装配的工艺要求高,且两缸间可能产生窜气窜油现象。

在选择和使用气缸时,主要先考虑气缸输出力的大小、气缸行程的长度、活塞的运动速度,其次还要考虑气缸的类型、安装形式及润滑情况等。

三、气缸的选用

气缸可以根据设备主机需要进行设计,但应尽量选用标准气缸。

1. 气缸选择要点

1) 安装形式的选择

气缸的安装形式由安装位置、使用目的等因素决定。气缸安装方式一般有以下三类。

(1) 固定式安装方式 一般场合,用得比较多的安装方式就是固定式安装。常用的固定式安装方式主要有轴向支座式、前法兰、后法兰式等。

(2) 摆动式安装方式 在要求活塞在作直线往复运动的同时又要求缸体作较大圆弧摆动时采用,主要有尾部耳轴式和中间销轴式等安装方式。

（3）回转式安装方式　如果需要在回转中输出直线往复运动,可采用回转气缸。

2）输出力的大小

根据工作机构所需力的大小,考虑气缸载荷率确定活塞杆上的推力和拉力,从而确定其内径。气缸一般的工作压力（0.4～0.6 MPa）比较小,所以其输出力不会很大,一般在10 000 N（不超过 20 000 N）左右,输出力过大会造成气缸体积过大,因此一般气动设备上尽量采用扩力机构,以减小气缸尺寸。

3）气缸行程

气缸行程与其使用场合及工作机构行程有关。多数情况下不使用气缸的满行程,以避免活塞与缸盖的碰撞,尤其是用于加紧机构的气缸,为了保证加紧效果,必须比工作行程多出10～20 mm 的行程余量。

4）气缸运动速度

气缸运动速度主要由其所驱动的工作机构的需要来决定。要求速度平稳缓慢时,宜采用气-液阻尼缸（缓冲气缸）。缓冲气缸可以使行程终点不发生冲击现象,但是如果速度过高,缓冲效果就不会太明显。

2. 气缸使用注意事项

（1）一般气缸的正常工作条件:环境温度为 −35～80 ℃,工作压力为 0.4～0.6 MPa。

（2）安装前,应该在 1.5 倍工作压力条件下进行试验,气缸不应漏气。

（3）装配时,所有密封元件的相对运动工作表面应该涂抹润滑脂。

（4）安装时应注意活塞杆尽量受拉力载荷,推力载荷应尽可能使载荷作用在活塞杆轴线上,活塞杆不允许承受偏心或者横向载荷。

（5）载荷在行程中有变化时,应使用输出力足够的气缸,并设缓冲装置。

（6）尽量不使用气缸的满行程。

【相关拓展】

气缸常见的故障原因与排除方法如表 11-1 所示。

表 11-1　气缸常见的故障原因与排除方法

故 障 现 象	原 因 分 析	排 除 方 法
外泄漏: （1）活塞杆与密封衬套间漏气 （2）气缸体与端盖间漏气 （3）从缓冲装置的调节螺钉处漏气	（1）衬套密封圈磨损	（1）更换衬套密封圈
	（2）活塞杆偏心	（2）重新安装,使活塞杆不受偏心负荷
	（3）活塞杆有伤痕	（3）更换活塞杆
	（4）活塞杆与密封衬套的配合面内有杂质	（4）除去杂质、安装防尘盖
	（5）密封圈损坏	（5）更换密封圈
内泄漏活塞两端窜气	（1）活塞密封圈损坏	（1）更换活塞密封圈
	（2）润滑不良	（2）检查气路油雾器工作情况
	（3）活塞被卡住	（3）重新安装,使活塞杆不受偏心负载
	（4）活塞配合面有缺陷,杂质挤入密封面	（4）缺陷严重者更换零件,除去杂质

故障现象	原因分析	排除方法
输出力不足,动作不平稳	(1) 润滑不良	(1) 调节或更换油雾器
	(2) 活塞或活塞杆卡住	(2) 检查安装情况,消除偏心
	(3) 气缸体内表面有锈蚀或缺陷	(3) 视缺陷大小再决定排除故障办法
	(4) 进入了冷凝水、杂质	(4) 加强对空气过滤器和除油器的管理、定期排放污水
缓冲效果不好	(1) 缓冲部分的密封圈密封性能差	(1) 更换密封圈
	(2) 调节螺钉损坏	(2) 更换调节螺钉
	(3) 气缸速度太快	(3) 研究缓冲机构的结构是否合适
损伤: (1) 活塞杆折断 (2) 端盖损坏	(1) 有偏心负荷	(1) 调整安装位置,消除偏心
	(2) 摆动气缸安装轴销的摆动面与负荷摆动面不一致	(2) 使轴销摆角一致
	(3) 摆动轴销的摆动角过大,负荷很大,摆动速度又快	(3) 确定合理的摆动速度
	(4) 有冲击装置的冲击加到活塞杆上;活塞杆承受负荷的冲击;气缸的速度太快	(4) 冲击不得加在活塞杆上,设置缓冲装置
	(5) 缓冲机构不起作用	(5) 在外部或回路中设置缓冲机构

【复习延伸】

(1) 气缸有几类?各自特点是什么?各自应用场合是什么?

(2) 如何选用气缸?

(3) 简述气缸使用注意事项。

(4) 简述冲击气缸的工作原理。

◀ 任务 2 气 动 马 达 ▶

【任务导入】

本任务主要是了解并掌握气动马达的结构及工作原理,通过学习和分析,掌握气动马达的应用与特点。

【任务分析】

气动马达属于气动执行元件,它的作用相当于液压马达,输出力矩、驱动机构作旋转运动。

【相关知识】

一、气动马达概述

1. 气动马达的分类

气动马达按照工作原理可以分为透平式和容积式两类。气压传动系统的马达多为容积式。

容积式气动马达按照结构形式可以分为叶片式、柱塞式、齿轮式和摆动式，其中，以叶片式最为常用。

2. 气动马达的特点

（1）可以实现无级调速。通过控制调节节流阀的开度来控制进入气马达的压缩空气的流量，就能控制调节气马达的转速和输出功率。

（2）工作安全。可以在易燃、易爆、高温、振动、潮湿、灰尘多等恶劣环境下工作，同时不受高温及振动的影响。

（3）能够正反转。多数马达能够正反转，并且换向冲击小。

（4）具有过载保护作用。可长时间满载工作而温升较小，过载时马达只是降低转速或停车，当过载解除后，可立即重新正常运转，不会产生机件损坏等故障。

（5）具有较高的启动转矩，可以直接带负载启动。启动、停止迅速。

（6）功率范围及转速范围均较宽。功率小至几百瓦，大至几万瓦；转速可从每分钟几转到几万转。

（7）可以长时间满负载连续运转，温升小。

（8）操纵方便，维修容易，成本低。

（9）速度稳定性较差，输出功率小，耗气量大，效率低，噪声大。

二、气动马达的结构及工作原理

1. 叶片式气动马达

叶片式气动马达叶片安装在一个偏心转子的径向沟槽中，如图 11-6 所示。其工作原理与叶片式液压马达的相同，当压缩空气从进气口 A 进入气室后，作用在叶片的外伸部分，通过叶片带动转子 2 作逆时针转动，输出转矩和转速，做完功的气体从排气口 C 排出，残余气体则经排气口 B 排出（二次排气）；若进、排气口互换，则转子反转，输出相反方向的转矩和转速。转子转动的离心力和叶片底部的气压力、弹簧力使得叶片紧密地与定子 3 的内壁相接触，以保证可靠密封，提高容积效率。

叶片式气动马达主要用于风动工具（如风钻、风扳手、风砂轮）、高速旋转机械及矿山机械等。

2. 径向活塞式气动马达

径向活塞式气马达的工作原理如图 11-7 所示，压缩空气从进气口进入配气阀后再进入气缸，推动活塞及连杆组件运动，迫使曲轴旋转，同时，带动固定在曲轴上的配气阀转动，使压缩空气随着配气阀角度位置的改变而进入不同的缸内，依次推动各个活塞运动，由各活塞及连杆带动曲轴连续运转，与此同时，与进气状态的气缸相对应的气缸则处于排气状态。

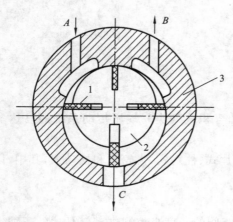

图 11-6　叶片式气动马达

1—叶片；2—转子；3—定子

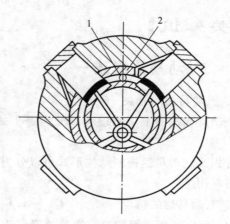

图 11-7　径向活塞式气动马达

1—进气口；2—分配阀

三、气动马达的选择和应用

1. 气动马达的选择

选择气动马达主要从载荷状态出发。在变载荷的场合使用时，应注意考虑的因素是速度范围和力矩，都应满载要求。在均衡载荷场合使用时，其工作速度是最主要的因素。叶片式马达的转速比活塞式的高，当工作转速低于空载时最大转速的 25% 时，最好选用活塞式气动马达。

2. 气动马达的应用

气动马达适用于要求安全、无级调速、经常换向、启动频繁、负载启动、有过载可能的场合，以及恶劣的工作条件下，高温、潮湿及不便于人工操作的地方。采用气动马达比其他类似设备成本低且维修简单。矿山机械应用较多。

气动马达作为高速运转的设备，润滑非常有必要，一般在气动回路的气动马达操作阀前面均设油雾器，以保证气动马达的润滑和工作正常。

【复习延伸】

(1) 简述气动马达的分类与工作特点。

(2) 如何选用气动马达？

(3) 各种结构的气动马达的主要应用场合是什么？

项目 12
气动控制元件

◀ **知识目标**

  (1)掌握气动方向控制阀的结构和工作原理；

  (2)掌握气动流量阀的结构和工作原理；

  (3)掌握气动压力阀的结构和工作原理。

◀ **能力目标**

  (1)掌握气动方向控制阀的应用；

  (2)掌握气动流量阀的应用；

  (3)掌握气动压力阀的应用。

任务1 气动方向控制阀的工作原理及其应用

【任务导入】

气动方向控制阀是气压传动系统中通过改变压缩空气的流动方向和气流的通断,来控制执行元件启动、停止及运动方向的气动元件。气动方向控制阀的主要类型如表12-1所示。

表 12-1 气动方向控制阀的主要类型

分类方式	主要类型
按阀内气流流动方向	单项型、换向型气动控制阀
按阀芯结构形式	截止式、滑阀式、膜片式、旋塞式、平面式(滑块式)气动控制阀
按阀的工作位数与通路数	二位二通、二位三通、二位五通、三位五通气动控制阀
按阀的操控方式	气动控制、电磁控制、机械控制、手动控制气动控制阀
按密封性质	间隙密封、弹性密封气动控制阀

本任务重点分析气动方向控制阀的结构和工作原理,最终讨论该类阀的实际应用。

【任务分析】

掌握各种气动方向控制阀的应用场合,首先要掌握各种气动方向控制阀的结构原理,熟悉它们的工作过程,认知它们的液压符号,掌握其功用。

【相关知识】

一、单向型控制阀

1. 单向阀

图 12-1 所示为气动单向阀的结构原理图和图形符号。单向阀是最简单的一种单向型方向阀,其工作原理和结构与液压普通单向阀的相似。当气流从 P 口进气时,气体压力克服弹簧力和阀芯与阀体之间的摩擦力,阀芯移动,P、A 口接通。为保证气流稳定流动,P 口与 A 口应保持一定的压力差,使阀芯保持开启状态。当气流反向时,阀芯在 A 口气压和弹簧力作用下,P、A 口关闭。

密封性是单向阀的重要性能之一。一般都采用平面弹性密封,尽量不采用钢球或金属阀座密封。在气动系统中,单向阀除单独使用外,还经常与流量阀、压力阀、换向阀组合成单向节流阀、单向压力阀、延时阀,广泛应用于调速控制、顺序控制、延时控制系统中。

2. 梭阀(或门阀)

图 12-2 所示为梭阀的结构原理图和图形符号。梭阀相当于由两个单向阀组合而成,有两个进气口,一个输出口,在气动系统里起逻辑"或"的作用,又称"或"门型梭阀。当通路 P_1 进气时,将阀芯1推向左边,通路 P_2 关闭,于是气流从 P_1 进入通路 A;反之,气流则从 P_2 进

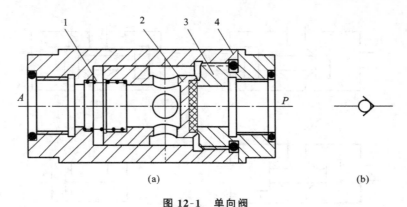

图 12-1 单向阀
1—弹簧；2—阀芯；3—阀座；4—阀体

入 A；当 P_1、P_2 同时进气时，哪端压力高，A 就与哪端相通，另一端就自动关闭。梭阀实际上是一个二输入自控导通式二位三通阀。

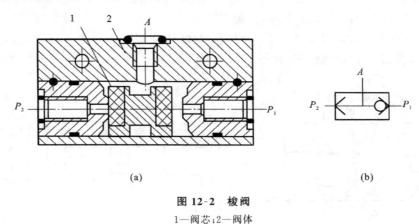

图 12-2 梭阀
1—阀芯；2—阀体

梭阀在气动系统中多用于控制回路中，特别是逻辑回路中，也可以用于执行回路中。

3. 双压阀

双压阀又称"与"门型梭阀，其原理也是相当于两个单向阀的组合。双压阀也是有两个输入口和一个输出口，如图 12-3(a)、(b)所示，当 P_1 或 P_2 单独有输入时，阀芯被推向右端或左端，此时 A 口无输出。如图 12-3(c)所示，当双压阀两个输入口 P_1、P_2 同时进气时，A 口才有输出。图 12-3(d)所示为双压阀的图形符号。

在气动系统中双压阀主要用于控制回路中，对两个控制信号进行互锁，起到逻辑"与"的作用。

4. 快速排气阀

快速排气阀用于气动元件或装置快速排气，简称快排阀。通常气缸排气时，气体是从气缸经过管路，由换向阀的排气口排出的。如果从气缸到换向阀的距离较长，而换向阀的排气口又小时，排气时间就会较长，气缸运动速度较慢。此时，若采用快速排气阀，则气缸内的气体就能直接由快排阀排向大气，加快了气缸的运动速度。实验证明，安装快排阀后，气缸的运动速度可以提高 4～5 倍。

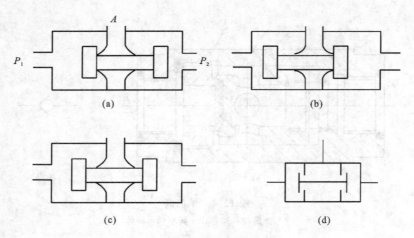

图 12-3　双压阀

图 12-4(a)所示为一种快速排气阀,其工作原理如图 12-4(b)、(c)所示。当进气口 P 进入压缩空气时,将密封活塞迅速下推,接通进气口 P 与工作口 A,同时关闭排气口 O,如图 12-4(c)所示;当 P 口没有压缩空气进入时,在 A 口和 P 口压差作用下,密封活塞迅速关闭 P 口,使 A 口接通 O 口快速排气,如图 12-4(b)所示;图 12-4(d)所示为该阀的图形符号。

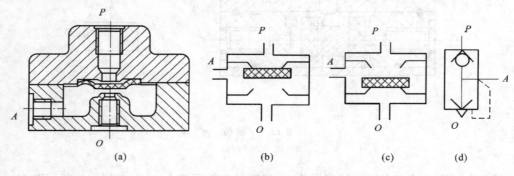

图 12-4　快速排气阀

在实际应用中,经常将快速排气阀安装在气缸与换向阀之间,尽量靠近气缸排气口位置或者直接拧在气缸排气口上。

二、换向型控制阀

换向型控制阀的功用是改变气体通道使气体流动方向发生变化,从而改变气动执行元件的运动方向,简称换向阀。换向型控制阀包括气压控制换向阀、电磁控制换向阀、机械控制换向阀、人力控制换向阀和时间控制换向阀等。

1. 气压控制换向阀

气压控制换向阀是利用气体压力来使主阀芯运动而使气体改变流向的,按控制方式不同,可分为加压控制、卸压控制和差压控制三种。加压控制是指所加的控制信号压力是逐渐上升的,当气压增加到阀所需的动作压力时,主阀芯便换向;卸压控制是指所加的气控信号压力是逐渐减小的,当减小到某一压力值时,主阀芯换向;差压控制是使主阀芯在两端压力差的作用下换向。

气压控制换向阀有二位三通、二位四通、二位五通或三位四通、三位五通等多种形式,又可分为截止式和滑阀式两种主要形式,图 12-5 所示为截止式气压控制二位三通换向阀。

其工作原理如下:当没有控制信号 K 时,如图 12-5(a)所示,阀芯在弹簧及 P 腔压力作用下关闭 P 口,接通 A 口与 O 口,阀处于排气状态;当获得输入控制信号 K 时,如图 12-5(b)所示,阀芯下移,接通 P 口与 A 口,O 口关闭,图 12-5(c)所示为其图形符号。

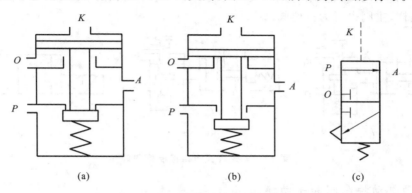

图 12-5　截止式气压控制二位三通换向阀

2. 电磁控制换向阀

气压传动中的电磁控制换向阀与液压传动中的电磁控制换向阀一样,也由电磁铁控制部分和主阀部分组成。按控制方式不同,电磁控制换向阀分为直动式电磁换向阀(电磁铁直接控制)和先导式电磁换向阀两种。它们的工作原理分别与液压阀中的电磁阀和电液动阀的相类似,只是两者的工作介质不同而已。

1) 直动式电磁换向阀

直动式电磁换向阀分为单电磁铁控制和双电磁铁控制两种,单电磁铁二位三通电磁换向阀如图 12-6 所示。

其工作原理如下:当电磁铁断电时,如图 12-6(a)所示,阀芯在弹簧作用下关闭 P 口,接通 A 口与 O 口,阀处于排气状态;当电磁铁通电时,如图 12-6(b)所示,阀芯下移,接通 P 口与 A 口,O 口关闭。图 12-6(c)所示为其图形符号。

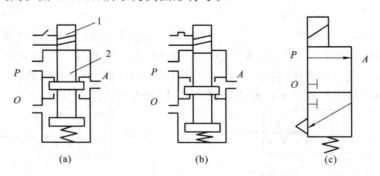

图 12-6　单电磁铁二位三通电磁换向阀

若将阀中的弹簧改成电磁铁,就成为双电磁铁直动式电磁换向阀。双电磁铁直动式电磁换向阀具有记忆功能。

2）先导式电磁换向阀

先导式电磁换向阀也分单电磁铁控制和双电磁铁控制两种。先导式电磁换向阀由电磁先导阀和主阀两部分组成。该类阀先导控制部分实际上是一个电磁阀，称为电磁先导阀。一般电磁先导阀都单独制成通用件，既可用于先导控制，又可用于气流量较小的直接控制。图 12-7 所示为单电磁铁控制的先导式换向阀的工作原理图和图形符号，图中控制的主阀为二位阀。同样，主阀也可为三位阀。

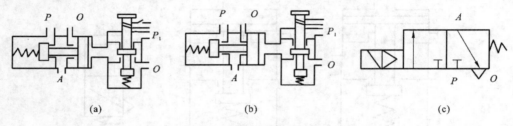

图 12-7　先导式电磁控制换向阀

3）气动机动换向阀和手动换向阀

气动机动换向阀和手动换向阀的工作原理、图形符号与液压机动换向阀和手动换向阀的基本相同，这里不再讨论，可以参照理解。

【任务实施】

一、实施环境

（1）液压气动综合实训室。
（2）气动综合实验台。

二、实施过程

1. 换向阀的应用

换向阀主要用于构成气动系统中各类换向回路，实现气动执行元件的换向。

1）单作用气缸换向回路

单作用气缸换向回路如图 12-8 所示。图 12-8（a）所示为用二位三通电磁阀控制的单作用气缸往返回路，该回路中，当电磁阀得电时，气缸伸出，失电时气缸在弹簧作用下返回。图 12-8（b）所示为三位四通电磁阀控制的单作用气缸往返和停止的换向回路，该阀在两电磁铁均失电时自动对中，使气缸停于任何位置，但定位精度不高，且定位时间不长。

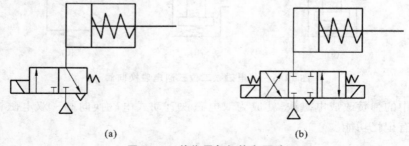

图 12-8　单作用气缸换向回路

2）双作用气缸换向回路

常见双作用气缸换向回路如图 12-9 所示。其中图 12-9（a）所示为具有中位停止功能的三位五通电磁换向阀换向回路，图 12-9（b）所示为二位四通电磁换向阀换向回路，其两个电磁铁不能同时通电，组成的换向回路具有记忆功能；图 12-9（c）所示为两个二位三通气动换向阀组成的气控换向回路；图 12-9（d）所示为两个二位三通手动换向阀组成的换向回路，该回路不能让两个手动按钮同时获得控制信号。

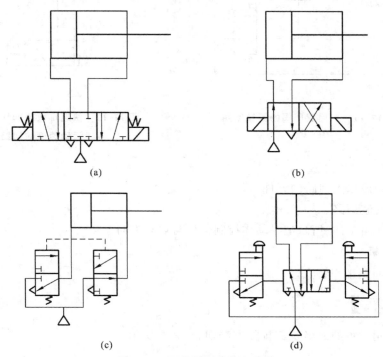

图 12-9 双作用气缸换向回路

2. 单向型控制阀的应用

1）梭阀的应用

梭阀在逻辑回路中和程序控制回路中被广泛采用，如图 12-10 所示，应用梭阀的手动-自动回路。通过梭阀的作用，使得电磁阀和手动阀均可单独操纵气缸的动作。

2）双压阀的应用

图 12-11 所示为双压阀在钻床控制系统中互锁回路的应用。两个行程阀分别对应工件的夹紧信号和定位信号。当两个信号同时存在时，双压阀才有输出，使二位四通换向阀换位，使钻孔缸进给。

3）快速排气阀的应用

图 12-12 所示为快速排气阀加快气缸运动速度的回路。

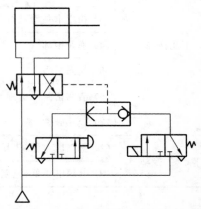

图 12-10 应用梭阀的手动-自动回路

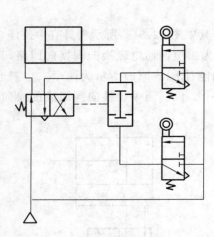

图 12-11　应用双压阀的互锁回路

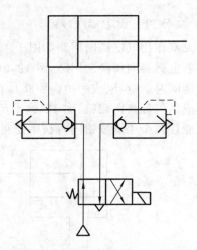

图 12-12　快速排气阀加快气缸运动速度的回路

3. 实验验证

(1) 准备构成以上回路的元件器材。

(2) 连接安装回路。

(3) 演示回路工作过程,记录动作控制信号与运动方向。

4. 总结分析

总结分析回路工作特点。

【相关拓展】

气动换向阀常见的故障及其排除方法如表 12-2 所示。

表 12-2　气动换向阀的常见故障及其排除方法

故 障 现 象	产 生 原 因	排 除 方 法
不能换向	(1) 阀的滑动阻力大,润滑不良	(1) 进行润滑
	(2) O 形密封圈变形	(2) 更换密封圈
	(3) 粉尘卡住滑动部分	(3) 清除粉尘
	(4) 弹簧损坏	(4) 更换弹簧
	(5) 阀操纵力小	(5) 检查阀操纵部分
	(6) 活塞密封圈磨损	(6) 更换密封圈
	(7) 膜片破裂	(7) 更换膜片
阀产生振动	(1) 空气压力低(先导型)	(1) 提高操纵压力,采用直动型
	(2) 电源电压低(电磁阀)	(2) 提高电源电压,使用低电压线圈

续表

故障现象	产生原因	排除方法
交流电磁铁 有蜂鸣声	(1) I 形活动铁芯密封不良	(1) 检查铁芯接触和密封性,必要时更换铁芯组件
	(2) 粉尘进入 I、T 形活动铁芯的滑动部分,使活动铁芯不能密切接触	(2) 清除粉尘
	(3) T 形活动铁芯的铆钉脱落,铁芯叠层分开不能吸合	(3) 更换活动铁芯
	(4) 短路环损坏	(4) 更换固定铁芯
	(5) 电源电压低	(5) 提高电源电压
	(6) 外部导线拉得太紧	(6) 引线应宽裕
电磁铁动作时间 偏差大,或有时 不能动作	(1) 活动铁芯锈蚀,不能移动;在湿度高的环境中使用气动元件时,由于密封不完善而向磁铁部分泄漏空气	(1) 铁芯除锈,修理好对外部的密封,更换坏的密封件
	(2) 电源电压低	(2) 提高电源电压或使用符合电压的线圈
	(3) 粉尘等进入活动铁芯的滑动部分,使运动恶化	(3) 清除粉尘
线圈烧毁	(1) 环境温度高	(1) 按产品规定温度范围使用
	(2) 快速循环使用情况	(2) 使用高级电磁阀
	(3) 因为吸引时电流大,单位时间耗电多,温度升高,使绝缘件损坏而短路	(3) 使用气动逻辑回路
	(4) 粉尘夹在阀和铁芯之间,不能吸引活动铁芯	(4) 清除粉尘
	(5) 线圈上有残余电压	(5) 使用正常电源电压,使用符合电压的线圈
切断电源,活动 铁芯不能退回	粉尘夹入活动铁芯滑动部分	清除粉尘

【复习延伸】

(1) 从结构与工作原理上比较分析梭阀与双压阀的异同。

(2) 写出下列气动元件符号:① 梭阀;② 双压阀;③ 快速排气阀;④ 二位三通电磁换向阀(弹簧复位);⑤ 二位二通气动换向阀(常闭);⑥ 二位五通行程换向阀;⑦ 三位五通电磁换向阀;⑧ 二位五通电磁换向阀(带记忆功能);⑨ 手动二位四通换向阀。

(3) 简述快速排气阀的工作原理及其应用。

◀ 任务 2　气动压力控制阀的工作原理及其应用 ▶

【任务导入】

气动压力控制阀可分为减压阀(又称调压阀)、安全阀(又称溢流阀)和顺序阀等。所有的压力控制阀,都是利用空气压力和弹簧力相平衡的原理来工作的。由于安全阀、顺序阀的工作原理与液压控制阀中溢流阀(安全阀)和顺序阀的基本相同,因而本任务主要讨论气动减压阀(调压阀)的工作原理和主要性能。

【任务分析】

本任务主要通过分析气动压力控制阀的结构,掌握其工作原理,进而掌握气动压力控制阀的具体应用与调节方法。

【相关知识】

一、气动调压阀的结构及工作原理

图 12-13 所示为直动式调压阀的结构原理图和图形符号。当顺时针方向调节手柄 1 时,调压弹簧 2(组合弹簧,由两个弹簧构成)推动下弹簧座 3、膜片 4 和阀芯 5 向下移动,使阀口开启,气流通过阀口后压力降低,从右侧输出二次压力气。与此同时,有一部分气流由阻尼孔 6 进入膜片室,在膜片下产生一个向上的推力与弹簧力平衡,调压阀便有稳定的压力输出。当输入压力 p_1 增高时,输出压力 p_2 也随之增高,使膜片下的压力也增高,将膜片向上推,阀芯 5 在复位弹簧 8 的作用下上移,从而使阀口 7 的开度减小,节流作用增强,使输出压力降低到调定值为止;反之,若输入压力下降,则输出压力也随之下降,膜片下移,阀口开度增大,节流作用降低,使输出压力回升到调定压力,以维持压力稳定。

二、气动调压阀的主要性能

1. 调压范围

气动调压阀的调压范围是指它的输出压力的可调范围,在此范围内要求达到规定的精度。调压范围主要与调压弹簧的刚度有关。为使输出压力在高、低调定值下都能得到较好的流量特性,常采用两个并联或串联的调压弹簧。一般调压阀最大输出压力是 0.6 MPa,调压范围是 0.1~0.6 MPa。

2. 压力特性

调压阀的压力特性是指流量 q 一定时,输入压力波动而引起输出压力波动的特性。当然,输出压力波动越小,减压阀的特性越好。

输出压力必须低于输入压力一定值后,才基本上不随输入压力变化而变化。

3. 流量特性

流量特性是指调压阀的输入压力一定时,输出压力随输出流量 q 而变化的特性。显然,

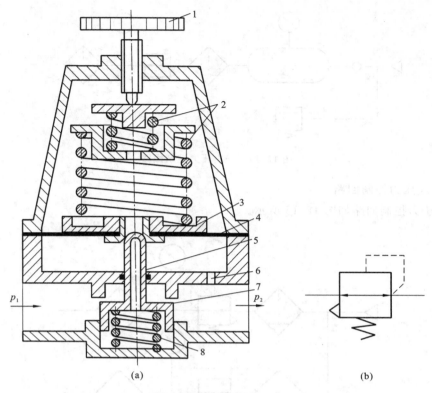

图 12-13　气动调压阀

1—调节手柄;2—调压弹簧;3—下弹簧座;4—膜片;5—阀芯;6—阻尼孔;7—阀口;8—复位弹簧

当流量 q 发生变化时,输出压力的变化越小越好。

【任务实施】

一、实施环境

(1) 液压气动综合实训室。

(2) 气动综合实验台、相关气动元件、辅助元件。

二、实施过程

压力控制回路的作用是使系统保持在某一规定的压力范围内。

1. 一次压力控制回路

一次压力控制回路如图 12-14 所示,其作用是控制储气罐的压力使之不超过规定的压力值。常用电接点压力表或用外控溢流阀来控制。前者在储气罐上装一电接点压力表,罐内压力超过规定压力时即控制压缩机断电。后者一般在储气罐上安装一只安全阀,储气罐内压力超过规定压力时即向大气放气。

这两种控制中前者对电动机及控制要求较高,常用于对小型空压机的控制;后者结构简单、工作可靠,但耗气量浪费大。

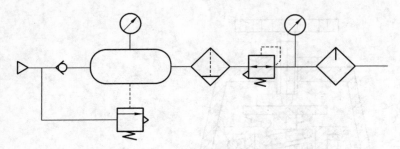

图 12-14　一次压力控制回路

2. 二次压力控制回路

二次压力控制回路如图 12-15 所示。

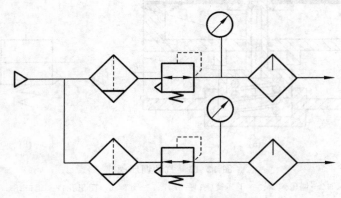

图 12-15　二次压力控制回路

3. 实验验证

（1）准备构成以上回路的元件器材。

（2）连接安装回路。

（3）演示回路工作过程。

（4）验证回路的调压功能、熟悉调压阀的调节方法。

4. 总结分析

总结分析回路工作特点。

【相关拓展】

气动溢流阀常见的故障原因与排除方法如表 12-3 所示。

表 12-3　气动溢流阀常见的故障原因与排除方法

故 障 现 象	原 因 分 析	排 除 方 法
压力虽已上升，但不溢流	（1）阀内部的孔堵塞	清洗
	（2）阀芯导向部分进入异物	

续表

故障现象	原因分析	排除方法
压力虽没有超过设定值,但在二次侧却溢出空气	(1) 阀内进入异物	(1) 清洗
	(2) 阀座损伤	(2) 更换阀座
	(3) 调压弹簧损坏	(3) 更换调压弹簧
溢流时发生振动(主要发生在膜片式阀,其启闭压力差较小)	(1) 压力上升速度很慢,溢流阀放出流量多,引起阀振动	(1) 二次侧安装针阀微调溢流阀,使其与压力上升量匹配
	(2) 压力上升源到溢流阀之间被节流,阀前部压力上升慢而引起振动	(2) 增大压力上升源到溢流阀的管道口径
从阀体和阀盖向外漏气	(1) 膜片破裂(膜片式)	(1) 更换膜片
	(2) 密封件损伤	(2) 更换密封件

气动调压阀(减压)常见的故障原因与排除方法如表 12-4 所示。

表 12-4 气动调压(减压)阀常见的故障原因与排除方法

故障现象	产生原因	排除方法
输出压力升高(二次压力上升)	(1) 阀内复位弹簧损坏	(1) 更换阀内复位弹簧
	(2) 阀座有伤痕或阀座橡胶剥离损坏	(2) 更换阀体
	(3) 阀体中央进入灰尘,阀导向部分黏附异物	(3) 清洗、检查滤清器
	(4) 阀芯导向部分和阀体的 O 形密封圈收缩、膨胀	(4) 更换 O 形密封圈
压力降过大(流量不足)	(1) 阀口径偏小	(1) 重选口径大的减压阀
	(2) 阀底部积存冷凝水,阀内混入异物	(2) 清洗、检查滤清器
溢流口总是漏气	(1) 溢流阀座有伤痕(溢流式)	(1) 更换溢流阀座
	(2) 膜片破裂	(2) 更换膜片
	(3) 二次压力升高	(3) 参看"二次压力上升"栏
	(4) 二次侧背压增高	(4) 检查二次侧的装置、回路
	(5) 弹簧没放平	(5) 拧松手柄后再拧紧
阀体振气	(1) 密封件损伤或装配时压坏	(1) 更换密封件
	(2) 弹簧松弛	(2) 张紧弹簧或更换弹簧
异常振动	(1) 弹簧的弹力减弱,弹簧错位	(1) 把弹簧调整到正常位置,更换弹力减弱的弹簧
	(2) 阀体的中心、阀杆的中心错位	(2) 检查并调整位置偏差
	(3) 因空气消耗量周期变化使阀不断开启、关闭,与减压阀引起共振	(3) 和制造厂协商或更换

续表

故障现象	产生原因	排除方法
虽已松开手柄，二次侧空气也不溢流	(1) 溢流阀座孔堵塞	(1) 清洗、检查滤清器
	(2) 使用非溢流式调压阀	(2) 在二次侧安装高压溢流阀

【复习延伸】

(1) 简述调压阀（减压阀）的工作原理。

(2) 分析比较一级调压回路与二级调压回路的异同。

◀ 任务3　气动流量控制阀的工作原理及其应用 ▶

【任务导入】

　　流量控制阀就是通过改变阀的通流面积来实现控制流量的元件，它包括节流阀、单向节流阀、排气节流阀等。气动节流阀的工作原理与液压节流阀的相同，本任务讨论排气节流阀。

【任务分析】

　　掌握排气节流阀的应用，首先要掌握排气节流阀的结构及工作原理，熟悉其工作过程，认知其符号，掌握其功用。

【相关知识】

　　排气节流阀的节流原理与节流阀的一样，也是靠调节通流面积来调节阀的流量的。它们的区别是，节流阀通常是安装在系统中调节气流的流量，而排气节流阀只能安装在排气口处，调节排入大气的流量。

　　图12-16(a)所示为带消音器的排气节流阀的工作原理图，气流进入阀内，由节流口节流后经消声套排出，因而它不仅能调节执行元件的运动速度，还能起到降低排气噪声的作用。由于其结构简单，安装方便，能简化回路，故应用广泛。图12-16(b)所示为带消音器的排气节流阀的图形符号。

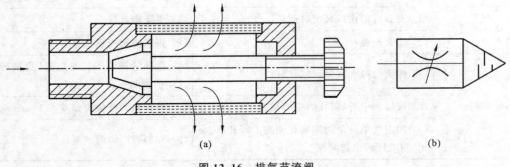

(a)　　　　　　　　　　　　　　　　　(b)

图 12-16　排气节流阀

【任务实施】

一、实施环境

（1）液压气动综合实训室。

（2）液压传动综合实验台、气动流量控制阀等元件。

二、实施过程

1. 流量控制阀应用分析

1）排气节流阀应用回路

如图 12-17 所示，把两个排气节流阀安装在二位五通电磁换向阀的排气口上，用来控制活塞的往复运动速度。其活塞运动较平稳，比进气节流调速效果好。

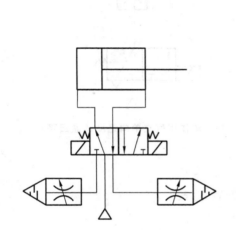

图 12-17　排气节流阀应用回路

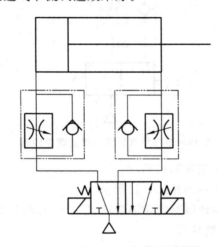

图 12-18　采用单向节流阀的双作用气缸节流调速回路

2）节流阀（单项节流阀）调速回路

图 12-18 所示为采用单向节流阀的双作用气缸的节流调速回路，两个单向节流阀分别在气缸伸出和回缩的行程中起到节流调速作用，达到两个运动方向的速度调控。

图 12-19 所示为单作用气缸的双向速度调控回路，该回路采用了两个单向节流阀，但是两个单向节流阀的连接方向是相反的，当单作用气缸进气时，压缩空气通过下单向节流阀的单向阀和上单向节流阀的节流阀进入气缸，这时由上单向节流阀调控气缸伸出速度；当单作用气缸排气时，气缸的空气通过上单向节流阀的单向阀和下单向节流阀的节流阀通过二位三通换向阀排出，这时由下单向节流阀调控气缸回程速度。

图 12-20 所示为由节流阀和快速排气阀共同组成的单作用气缸单向调速回路。当气缸进气时，快速排气阀排气口关闭，压缩空气通过节流阀进入气缸，气缸伸出，其速度由节流阀调控；气缸回程时，空气直接由快速排气阀的排气口排出，速度不受调控，回程迅速。

2. 实验验证

（1）准备构成以上回路的元件器材。

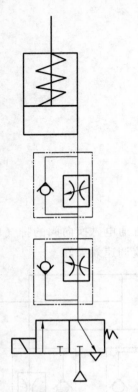

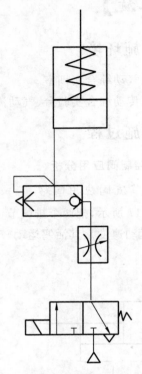

图 12-19　单作用气缸双向速度调速回路　　图 12-20　单作用气缸单向速度调速回路

（2）连接安装回路。

（3）演示回路工作过程。

（4）验证回路的调速功能、熟悉阀的调节方法和安装方法。

3. 总结分析

总结分析回路工作特点。

【复习延伸】

（1）简述排气节流阀的工作原理。

（2）分析比较排气节流阀调速回路与节流阀（单向节流阀）调速回路的区别及应用场合。

项目 13
气压传动系统应用实例

◀ **知识目标**

(1)掌握气压传动系统分析方法;

(2)熟悉常见的典型气压传动系统。

◀ **能力目标**

(1)学会阅读较为复杂的典型气压传动系统;

(2)掌握气压传动系统安装调试与使用维护方法。

◀ 任务1　气-液动力滑台气压传动系统 ▶

【任务导入】

本任务主要是在明确气-液动力滑台工作要求的前提下,了解并掌握其气压传动是怎样实现的,通过对典型系统的学习和分析,掌握阅读气压传动系统图的方法。

【任务分析】

气-液动力滑台是组合机床上实现进给运动的一种通用部件,气-液动力滑台是采用气-液阻尼缸作为执行元件,在机械设备中用来实现进给运动的部件。气-液动力滑台能完成两种工作循环,分别是:快进→慢进(工进)→快退→停止;快进→慢进→慢退→快退→停止。

【相关知识】

一、气动传动系统图的阅读分析步骤和方法

在分析程序控制系统时,应以设计方法为主线,从工作程序入手,由 X-D 线图到气压传动系统,其目的是提高分析和设计程序控制系统的能力。

(1) 了解设备的用途及对气压传动系统的要求。

(2) 熟悉工作程序图,了解系统所含元件的类型、规格、性能、功用和各元件之间的关系。

(3) 分析 X-D 线图、逻辑原理图,理清控制信号。

(4) 对与每一执行元件有关的泵、阀所组成的子系统进行分析,搞清楚其中包含哪些基本回路,然后针对各执行元件的动作要求进行分析。

(5) 分析各子系统之间的联系,并进一步读懂在系统中是如何实现这些要求的。

(6) 在全面读懂系统的基础上,归纳总结整个系统的特点,加深对系统的理解。

二、气-液动力滑台气压传动系统

气-液动力滑台是采用气-液阻尼缸作为执行元件,在机械设备中用来实现进给运动的部件,图 13-1 所示为气-液动力滑台气压传动系统的工作原理图。该气-液动力滑台能完成两种工作循环。

1. 工作循环一:快进→慢进(工进)→快退→停止

1) 快进

当手动阀 3 切换到右位时,活塞下移,完成快进动作,这时的回路如下。

气压部分进气路:气源→手动换向阀 1 右位→手动换向阀 3 右位→气缸上腔。

气压部分排气路:气缸下腔→手动换向阀 3 右位→大气。

液压部分油路:液压缸下腔→行程阀 6 左位→单向阀 7→液压缸上腔。

这时液压传动系统部分没有节流元件参与工作,构成快速回路。因为快进时,滑台的载荷较小,气压与液压部分都没有节流调速元件参与工作,动力滑台快速前进,实现快进。

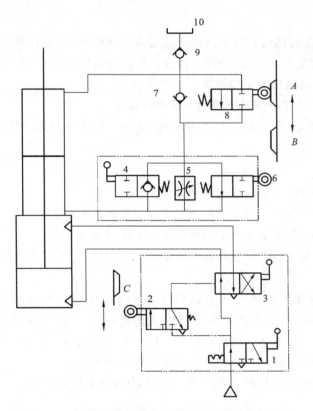

图 13-1 气-液动力滑台气压传动系统的工作原理图

2）慢进（工进）

在快进行程结束时，滑台上的挡铁 B 压下行程阀 6，行程阀 6 右位工作，快速油路断开，接入节流阀，形成节流调速回路。这时的回路如下。

气压部分进气路：气源→手动换向阀 1 右位→手动换向阀 3 右位→气缸上腔。

气压部分排气路：气缸下腔→手动换向阀 3 右位→大气。

液压部分油路：液压缸下腔→节流阀 5→单向阀 7→液压缸上腔。

这时液压传动系统部分有节流元件参与工作，滑台的载荷较大，构成节流调速回路。

3）快退

在工作进给（慢进）结束时，滑台上的挡铁 C 压下行程阀 2，行程阀 2 接入左位，使手动换向阀 3 换入左位，压缩空气进入气缸下腔，推活塞上行，形成了快退回路。这时的回路如下。

气压部分进气路：气源→行程阀 2 左位→手动换向阀气动控制口。

　　　　　　　　气源→手动换向阀 1 左位→手动换向阀 3 右位→气缸下腔。

气压部分排气路：气缸上腔→手动换向阀 3 左位→大气。

液压部分油路：液压缸上腔→行程阀 8 左位（此时已与挡铁 A 脱离）→手动换向阀 4 右位→液压缸下腔。

因为快退时，滑台的载荷较小，气压与液压部分都未有节流调速元件参与工作，动力滑台快速退回，实现快退。

4) 停止

当快退到挡铁 A 切换行程阀 8 而使油液通道被切断时,活塞便停止运动。所以改变挡铁 A 的位置,就能改变"气-液"缸的停止位置。另外切换手动换向阀 1 接入右位,可以断开压缩空气的输入,实现随机的手动停机。

2. 工作循环二:快进→慢进→慢退→快退→停止

把手动阀 4 关闭(处于左位)时,就可实现"快进→慢进→慢退→快退→停止"的双向调速动作程序。

1) 快进

其动作与工作循环一相同,这时的回路如下。

气压部分进气路:气源→手动换向阀 1 右位→手动换向阀 3 右位→气缸上腔。

气压部分排气路:气缸下腔→手动换向阀 3 右位→大气。

液压部分油路:液压缸下腔→行程阀 6 左位→单向阀 7→液压缸上腔。

2) 慢进

其动作与工作循环一相同,在快进行程结束时,滑台上的挡铁 B 压下行程阀 6,行程阀 6 右位工作,快速油路断开,接入节流阀,形成节流调速回路。这时的回路如下。

气压部分进气路:气源→手动换向阀 1 右位→手动换向阀 3 右位→气缸上腔。

气压部分排气路:气缸下腔→手动换向阀 3 右位→大气。

液压部分油路:液压缸下腔→节流阀 5→单向阀 7→液压缸上腔。

3) 慢退

在工作进给(慢进)结束时,滑台上的挡铁 C 压下行程阀 2,行程阀 2 接入左位,使手动换向阀 3 换入左位,压缩空气进入气缸下腔,推到活塞上行,由于换向阀 4 处于左位,液压缸油路经过节流阀 5,形成了慢退。这时的回路如下。

气压部分进气路:气源→行程阀 2 左位→手动换向阀气动控制口。

  气源→手动换向阀 1 左位→手动换向阀 3 右位→气缸下腔。

气压部分排气路:气缸上腔→手动换向阀 3 左位→大气。

液压部分油路:液压缸上腔→行程阀 8 左位(此时已和挡铁 A 脱离)→节流阀→液压缸下腔。

因为慢退时,滑台的载荷较大,液压部分都有节流调速元件参与工作,动力滑台慢速退回,实现慢退。

4) 快退

慢退到挡铁 B 离开行程阀 6 的顶杆而使其复位(处于左位)后,液压缸活塞上腔的油液就经行程阀 6 左位而进入活塞下腔,开始了快退,这时的回路如下。

气压部分进气路:气源→行程阀 2 左位→手动换向阀气动控制口。

  气源→手动换向阀 1 左位→手动换向阀 3 右位→气缸下腔。

气压部分排气路:气缸上腔→手动换向阀 3 左位→大气。

液压部分油路:液压缸上腔→行程阀 8 左位(此时已与挡铁 A 脱离)→行程阀 6 左位→液压缸下腔。

快退时,滑台的载荷较小,气压与液压部分都未有节流调速元件参与工作,动力滑台快速退回,实现快退。

5)停止

与循环一的停止相同。

系统中补油箱 10 是为了补偿系统中的漏油而设置的。

3. 系统中应用的液压基本回路

(1)调速回路:液压传动系统部分采用了节流调速,并可以双向调速。

(2)快速运动回路:未采用典型快速回路结构,依靠合理的大通径换向阀与单向阀完成快速回路。

(3)换向回路:应用手动换向阀与行程阀实现换向,操作稳定可靠,换位精度较高。

(4)快速运动与工作进给的换接回路:采用行程换向阀实现速度的换接,换接性能较好。

【复习延伸】

(1)试分析说明图 13-1 所示气-液动力滑台气压传动系统中三个行程阀各自的作用,并说明采用行程阀的优点。

(2)如果将图 13-1 所示气-液动力滑台气压传动系统中三个行程阀置换为电磁阀,试编写该回路电磁阀的电磁铁动作顺序表。

◀ 任务2　气动钻床气压传动系统 ▶

【任务导入】

本任务主要是在明确气动钻床工作要求的前提下,了解并掌握其气压传动系统的构成,通过对气压传动系统的学习和分析,掌握阅读气压传动系统图的方法。

【任务分析】

全气动钻床是一种利用气动驱动钻削主轴的旋转、气动滑台实现进给运动的自动钻床。根据需要机床上还可安装由摆动气缸驱动的回转工作台,因此,回转工作台可以实现多工位工作,一个工位在加工时,另一个工位则装卸工件,使辅助时间与切削加工时间重合,从而提高生产效率。

【相关知识】

图 13-2 所示为气动钻床气压传动系统,它利用气压传动来实现进给运动和送料、夹紧等辅助动作。它共有三个执行气缸,即送料缸 A、夹紧缸 B、钻削缸 C。

1. 工作程序

该气动钻床气压传动系统要求的动作顺序为

$$启动 \rightarrow 送料 \rightarrow 夹紧 \rightarrow \left\{ \begin{array}{l} 送料后退 \\ 钻孔 \end{array} \right\} \rightarrow 钻头退 \rightarrow 松开 \rightarrow (循环)$$

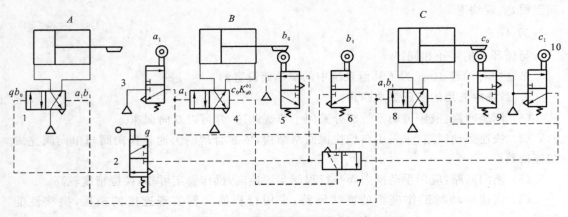

图 13-2　气动钻床气压传动系统

写成工作程序图为

$$q \xrightarrow{(qd_0)} A_1 \xrightarrow{a_1} B_1 \xrightarrow{b_1} \begin{Bmatrix} A_0 \\ C_1 \end{Bmatrix} \xrightarrow[c_1]{(c_1 a_0)} C_0 \xrightarrow{c_0} B_0 \xrightarrow{b_0} （循环）$$

由于送料缸后退（A_0）与钻削缸前进（C_1）同时进行，考虑到 A_0 动作对下一个程序执行没有影响，因而可不设连锁信号，即省去一个发信元件 a_0，这样可克服若 C_1 动作先完成，而 A_0 动作尚未结束时，C_1 等待造成钻头与孔壁相互摩擦，降低钻头使用寿命的缺点。在工作时只要 C_1 动作完成，立即发信执行下一个动作，而此时若 A_0 运动尚未结束，但由于控制 A_0 运动的主控阀所具有的记忆功能，A_0 仍可继续动作。

该动作程序可写成简化式为

$$A_1 B_1 \begin{Bmatrix} A_0 \\ C_1 \end{Bmatrix} C_0 B_0$$

2. X-D 线图与逻辑原理图

按上述的工作程序可以绘出如图 13-3 所示的 X-D 线图。由图可知，图中有两个障碍信号 b_1（C_1）和 c_0（B_0），分别用逻辑线路法和辅助阀法来排除障碍，消障后的执行信号表达式为

$$b_1^*（C_1）= b_1 a_1 \quad 和 \quad C_0^*（B_0）= c_0 K_{b0}^{c1}$$

| | X-D组 | 1 | 2 | 3 | 4 | 5 | 执行信号 |
		A_1	B_1	A_0 C_1	C_0	B_0	
1	$b_0（A_1）$ A_1						$b_0（A_1）= qb_0$
2	$a_1（B_1）$ B_1						$a_1（B_1）= a_1$
3	$b_1（A_0）$ A_0						$b_1（A_0）= b_1 a_1$
	$b_1（C_1）$ C_1						$b_1^*（C_1）= b_1 a_1$
4	$c_1（C_0）$ C_0						$c_1（C_0）= c_1$
5	$c_0（B_0）$ B_0						$c_0^*（B_1）= c_0 K_{b0}^{c1}$
备用格	$b_1^*（C_1）$ K_{b0}^{c1} $c_0^*（B_0）$						

图 13-3　气动钻床 X-D 线图

根据 X-D 线图,可以绘出如图 13-4 所示的逻辑原理图。图中右侧列出了三个气缸的六个状态,中间部分用了三个"与"门元件和一个记忆元件,图中左侧列出的由行程阀、启动阀等发出的原始信号。

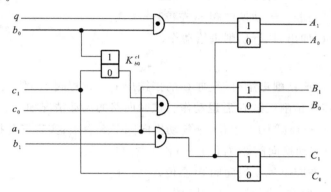

图 13-4 气动钻床逻辑原理图

3. 系统工作原理

1) 送料

如图 13-2 所示,当手动换向阀 2 切换到上位工作时,这时压缩空气控制气动换向阀 1 换位至左位工作。这时回路的流动情况如下。

控制回路:气源→行程阀 5(上位)→手动换向阀 2(上位)→气动换向阀 1 左端;实现气动换向阀 1 换向。

进气路:气源→气动换向阀 1(左位)→气缸 A 左腔。

排气路:气缸 A 右腔→气动换向阀 1(左位)→大气。

实现气缸 A 的伸出,执行送料动作。

2) 夹紧

当送料气缸 A 的送料动作完成时,气缸 A 的挡铁压下了行程阀 3,使气动换向阀 4 换位,夹紧气缸 B 伸出,实现夹紧动作。这时回路的流动情况如下。

控制回路:气源→行程阀 3(上位)→气动换向阀 4 左端;实现气动换向阀 4 换向。

进气路:气源→气动换向阀 4(左位)→气缸 B 左腔。

排气路:气缸 B 右腔→气动换向阀 4(左位)→大气。

实现气缸 B 的伸出,执行夹紧动作。

3) 送料后退、钻孔进给

当夹紧气缸 B 的夹紧动作完成时,气缸 B 的挡铁压下了行程阀 6,使气动换向阀 8 换位,钻削气缸 C 伸出,实现钻削进给动作;并使气动换向阀 1 换位,实现送料缸后退。

(1) 送料后退 这时回路的流动情况如下。

控制回路:气源→行程阀 6(上位)→气动换向阀 1 右端;实现气动换向阀 1 换向。

进气路:气源→气动换向阀 1(右位)→气缸 A 右腔。

排气路:气缸 A 左腔→气动换向阀 1(右位)→大气。

实现送料缸 A 后退。

（2）钻孔进给　这时回路的流动情况如下。

控制回路：气源→行程阀 6(上位)→气动换向阀 8 左端；实现气动换向阀 8 换向。

进气路：气源→气动换向阀 8(左位)→气缸 C 左腔。

排气路：气缸 C 右腔→气动换向阀 8(左位)→大气。

实现钻削气缸 C 伸出，执行切削进给动作。

4）钻头后退

当钻削气缸 C 完成钻削进给时，气缸 C 的挡铁压下了行程阀 10，使气动换向阀 8 换位，钻削气缸 C 回缩，实现钻削气缸 C 后退动作。这时回路的流动情况如下。

控制回路：气源→行程阀 10(上位)→气动换向阀 7、8 右端；实现气动换向阀 7、8 换向。

进气路：气源→气动换向阀 8(右位)→气缸 C 右腔。

排气路：气缸 C 左腔→气动换向阀 8(右位)→大气。

实现钻削气缸 C 回缩，执行钻头后退动作。

5）松开（夹紧缸退回）

当钻削气缸 C 完成钻头后退时，气缸 C 的挡铁压下了行程阀 9，使气动换向阀 4 换位，夹紧气缸 B 回缩，实现夹紧缸 B 退回动作。这时回路的流动情况如下。

控制回路：气源→行程阀 9(上位)→气动换向阀 7(右位)→气动换向阀 4 右端；实现气动换向阀 4 换向。

进气路：气源→气动换向阀 4(右位)→气缸 B 右腔。

排气路：气缸 B 左腔→气动换向阀 4(右位)→大气。

实现夹紧气缸 B 回缩，实现夹紧缸 B 退回动作。

当夹紧缸 B 退回动作完成时，气缸 B 的挡铁压下了行程阀 5，压缩空气控制气动换向阀 1 换位，进入下一个循环。

4. 系统特点分析

该机动力系统系统采用了全气控气动系统，其主要性能特点如下。

（1）该钻机采用了全气控气动系统，使整机设备结构简单、维修简便。

（2）采用了全气控气动系统，由于气压传动自身具有防过载的特点和空气介质的自身特点，使得设备工作安全可靠性增强。

（3）系统采用了多缸行程阀全气控顺序动作控制回路，实现了系统的自动循环。

【复习延伸】

（1）如题图 13-1 所示为用于某专用设备上的气动机械手示意图，它由四个气缸组成，可在三个坐标内工作。图中 A 缸为夹紧缸，其活塞杆退回时夹紧工件，活塞杆伸出时松开工件；B 缸为长臂伸缩缸，可实现伸出和缩回动作；C 缸为立柱升降缸；D 缸为立柱回转缸，该气缸有两个活塞，分别装在带齿条的活塞杆两头，齿条的往复运动带动立柱上的齿轮旋转，从而实现立柱的回转。

题图 13-2 所示为气功机械手的气压传动系统，若要求该机械手的动作顺序为：立柱下降 c_0→伸臂 b_1→夹紧工件 a_0→缩臂 b_0→立柱顺时针转 d_1→立柱上升 c_1→放开工件 a_1→上

柱逆时针转 d_0，试分析该系统的工作循环。

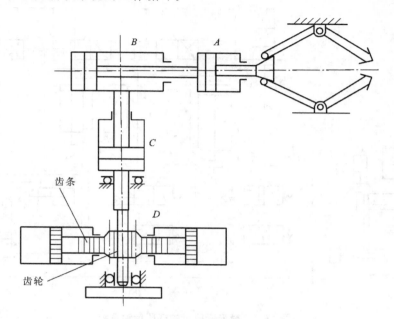

题图 13-1 气动机械手示意图

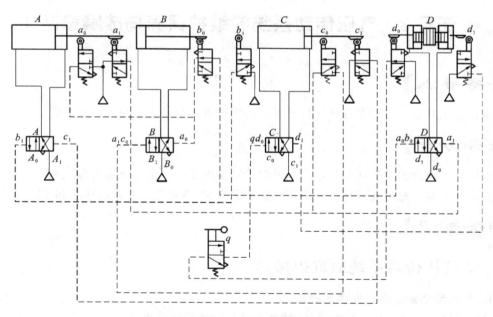

题图 13-2 气动机械手的气压传动系统

（2）试分析题图 13-3 所示的槽形弯板机的气压传动系统，其动作顺序为

$$A_1 \begin{Bmatrix} B_1 \\ C_1 \end{Bmatrix} \begin{Bmatrix} D_1 \\ E_1 \end{Bmatrix} \begin{Bmatrix} A_0 & B_0 & D_0 \\ & C_0 & E_0 \end{Bmatrix}$$

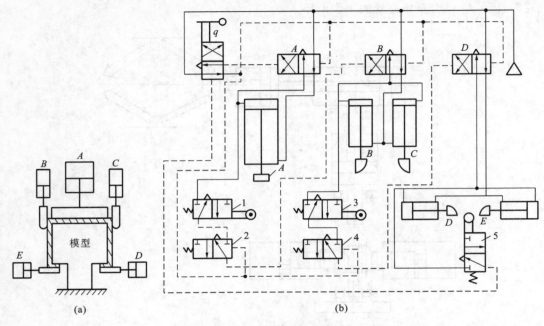

题图 13-3　槽形弯板机的气压传动系统

◀ 任务 3　气压传动系统的维护保养与故障诊断 ▶

【任务导入】

本任务主要是了解并掌握气压传动系统的维护方法与常见故障的诊断方法。

【任务分析】

气压传动系统的维护保养与常见故障的诊断排除是气压设备正常可靠运行的一个重要保证。本任务需熟悉掌握气压设备使用维护注意事项,掌握常见故障的诊断和排除方法。

【相关知识】

一、气压传动系统的维护保养

1. 气压传动系统维护保养的原则

(1) 了解元件的结构、原理、性能、特征及使用方法和注意事项。

(2) 检查元件的使用条件是否恰当。

(3) 掌握元件的使用寿命和使用条件。

(4) 事先了解故障易发生的场所和预防措施。

(5) 准备好管理手册,定期检修,预防故障发生。

(6) 准备好迅速修理所需的配件。

2. 气压传动系统污染及防止方法

压缩空气的质量对气压传动系统性能的影响很大,压缩空气如被污染将使管道和元件锈蚀、密封件变形、堵塞喷嘴,系统不能正常工作。压缩空气的污染主要来自水分、油分和粉尘三个方面,其污染原因及防止方法如下。

1) 水分

空气压缩机吸入的是含水分的湿空气,经压缩后提高了压力,当再度冷却会析出冷凝水,侵入到压缩空气中会使管道和元件锈蚀,影响其性能。

防止冷凝水侵入压缩空气的方法是:及时排除系统各排水阀中积存的冷凝水,经常注意自动排水器、干燥器的工作是否正常,定期清洗空气过滤器、自动排水器的内部元件等。

2) 油分

这里的油分是指使用过的因受热而变质的润滑油。压缩机使用的一部分润滑油成雾状混入压缩空气中,受热后引起汽化随压缩空气一起进入系统,将使密封件变形,造成空气泄漏,摩擦附力增大,阀和执行元件动作不良,而且还会污染环境。

清除压缩空气中油分的方法:较大的油分颗粒,通过除油器和空气过滤器的分离作用与空气分开,从设备底部排污阀排除;较小的油分颗粒,则通过活性炭吸附将其消除。

3) 粉尘

大气中含有的粉尘、管道内的锈粉及密封材料的碎屑等侵入到压缩空气中,将引起元件中的运动件卡死,动作失灵,堵塞喷嘴,加速元件磨损,降低使用寿命,导致设备故障,严重影响系统性能。

防止粉尘侵入系统的主要方法是:经常清洗空气压缩机前的预过滤器,定期清洗空气过滤器的滤芯,及时更换滤清元件等。

3. 气压传动系统的维护

1) 日常维护

气压传动系统的日常维护工作内容主要如下。

(1) 冷凝水的排放 在气压传动系统工作结束时,应将整个气压传动系统的冷凝水排放掉,如后冷却器、空压机、储气罐、空气过滤器、干燥器等设备,防止夜晚冷凝水低温结冰。另外,由于夜间管道内温度下降,会进一步析出冷凝水,因此,气压设备在每天工作前也应将冷凝水排出。

(2) 润滑油的检查 在气压设备工作时,应检查油雾器的滴油是否符合要求,一般不低于每分钟 5 滴,并保持润滑油的清洁。

(3) 空压机的检查 检查水冷式后冷却器的空压机有无异响、空压机有无异常发热、润滑油位置是否符合要求。

2) 定期维护

定期维护有每周维护、每月维护(或每季度维护)和大修。

(1) 每周维护 每周维护的主要工作是检查漏气情况和对油雾器的管理。漏气检查应在白天车间休息的空闲时间或下班后进行。这时候设备停止运行,噪声小,设备内有一定的残余空气压力,可以根据声音判断是否存在泄漏。

(2) 每月维护(每季度维护) 每月或每季度维护应比每周维护更为仔细,但是仍是检查设备外部情况,主要是检查泄漏情况、紧固松动的连接件、检查换向阀排出的空气质量、检查换向阀的换向动作可靠性、检查各仪表的准确性等。

(3)大修 一般来说,每1~2年要进行大修。清洗元件必须用优质煤油,清洗后涂上润滑油再组装,避免使用对橡胶、塑料有损坏作用的汽油、柴油等有机溶液进行清洗。

二、气压传动系统的故障诊断

1.故障的种类

1)初期故障

在调试阶段和开始运转的2~3个月内发生的故障称为初期故障。其产生原因如下。

(1)设计错误。设计元件时对元件的材料选用不当,加工工艺要求不合理等;设计回路时元件选择不当;回路设计错误。

(2)元件加工、装配不良。零件装反、装错,装配时对中不良、材质不符合要求等。

(3)装配不合要求。装配时,元件与管道吹洗不干净,混入灰尘等杂质,造成气动系统故障;管道固定、防振没有采取有效措施。

(4)维护管理不善,没有及时排放冷凝水,没有及时给油雾器补油。

2)突发故障

系统运行中突然发生的故障称为突发故障。例如,杂质混入元件内部,突然使元件的相对运动部件卡死;弹簧突然断裂、电磁线圈突然烧毁;软管突然破裂;突然停电造成回路误动作等。

3)老化故障

个别或少数元件已达到使用寿命后发生的故障称为老化故障。参照各元件的生产日期、使用频率、开始使用日期和出现的预兆(泄漏、声音等),可以大致预测老化故障的发生期限。

2.故障的诊断方法

1)经验法

经验法是指主要依靠实际经验,借助简单的仪表,诊断故障发生的部位,找出故障原因。经验法简单易行,但是对人的要求比较高。经验法可细分为看、摸、听、闻、问。

(1)看 观察执行元件运动速度的变化;压力表显示的压力波动;润滑油质量和滴油量是否符合要求;冷凝水是否排出;排气口排出的空气是否干净;电磁阀指示灯是否正常;管接头、紧固件是否松动;管道是否扭曲压扁;有无明显振动。

(2)摸 手摸运动部件、电磁阀线圈,感知其温度;感觉气缸、管道是否有振动;接头处是否漏气。

(3)听 听气缸、换向阀等运动部件处是否有异响;系统停止工作尚未泄压时,各处是否有漏气的声音。

(4)闻 闻闻电磁铁线圈、密封圈是否有过热的异味。

(5)问 查阅启动系统的技术档案,了解系统动作要求、工作顺序;查阅产品样本,了解各元件功用;查阅日常维护记录;访问现场操作人员,了解设备故障前后状况,以及曾出现过的故障和解决方法。

2）推理分析法

利用逻辑推理,逐步查找出故障原因的方法称为推理分析法。

（1）仪表分析法 使用监测仪表,如压力表、差压计、温度计以及电子仪表等,检查系统中元件参数是否符合要求。

（2）试探反证法 试探性地改变气压传动系统中的部分工作条件,观察对故障的影响。例如,气缸不动作时,可以除去气缸外负载,查看气缸是否动作,从而反证是否因为负载过大造成气缸不动作。

（3）部分停止法 暂时停止系统某部分的工作,观察对故障的影响。

（4）比较法 用标准的或合格的元件代替系统中相同的元件,通过对比,判断被换元件是否失效。

【复习延伸】

（1）简述常用气压传动系统故障诊断方法。

（2）简述气压传动系统维护内容。

（3）简述气压传动系统的污染与防范方法。

[1] 机械设计手册编委会.机械设计手册.第4卷[M].3版.北京:机械工业出版社,2005.

[2] 成大先.机械设计手册液压传动单行本[M].北京:化学工业出版社,2004.

[3] 成大先.机械设计手册气压传动单行本[M].北京:化学工业出版社,2004.

[4] 左健民.液压与气压传动[M].4版.北京:机械工业出版社,2009.

[5] 张利平.液压阀原理、使用与维护[M].北京:化学工业出版社,2005.

[6] 张利平.液压控制系统及设计[M].北京:化学工业出版社,2006.

[7] 杨培元,朱福元.液压传动系统设计简明手册[M].北京:机械工业出版社,2000.

[8] 姜继海,宋锦春,高常识.液压与气压传动[M].北京:高等教育出版社,2002.

[9] 刘钟伟.液压与气压传动[M].北京:化学工业出版社,2005.

[10] 林建亚,何存兴.液压元件[M].北京:机械工业出版社,1988.

[11] 张群生.液压与气压传动[M].北京:机械工业出版社,2002.

[12] 陈奎生.液压与气压传动[M].武汉:武汉理工大学出版社,2001.

[13] 宋正和.液压与气动技术[M].北京:北京交通大学出版社,2009.

[14] 许福玲,陈尧明.液压与气压传动[M].2版.北京:机械工业出版社,2004.

[15] 章宏甲.液压与气压传动[M].北京:机械工业出版社,2005.

[16] 嵇光国.液压泵故障诊断与排除[M].北京:机械工业出版社,1997.

[17] 机床故障诊断与检修委员会.机床液压传动系统常见故障诊断与检修[M].北京:机械工业出版社,1998.

[18] 姜佩东.液压与气动技术[M].北京:高等教育出版社,2000.

[19] 屈圭.液压与气压传动[M].北京:机械工业出版社,2002.

[20] 马振福.液压与气压传动[M].北京:机械工业出版社,2004.

[21] 齐英杰.液压设备故障诊断分析[M].哈尔滨:东北林业大学出版社,1990.